AF573461

de la Déclinaison du Soleil

Calculées pour Midi

AU MÉRIDIEN DE PARIS.

TABLES
DE LA
DÉCLINAISON DU SOLEIL

Calculées pour Midi

AU MÉRIDIEN DE PARIS

POUR LES ANNÉES 1853 a 1862,

A L'USAGE DE LA NAVIGATION,

D'APRÈS

LOUIS LAMBERTI,

Professeur de Mathématiques.

MARSEILLE
Chez **MAISTRE** Editeur,
Quai de Rive-Neuve.

1853.

Lit Decugis Quai du Canal. Marseille

AVIS DE L'ÉDITEUR

Je m'empresse de donner aux Navigateurs, pour leurs besoins, et j'ai choisi ce moment pour la publier, la présente Table de la déclinaison du Soleil pour les Années 1853 à 1862, calculée pour midi au méridien de Paris, j'y ai inscrit d'autres Tables analogues au calcul de la déclinaison du Soleil pour une heure quelconque du jour, hors du méridien de Paris, le Calcul de la Latitude, le Calcul de la hauteur méridienne, et enfin le Calcul de la Longitude par le moyen du Chronomètre.

INTRODUCTION.

La déclinaison du Soleil ou d'un Astre et sa distance par l'Équateur, est par conséquent l'arc du cercle de déclinaison compris entre l'Astre et l'Equateur.

La déclinaison se compte de l'Equateur au Pôle du monde de 0 degré jusqu'a 90°. Elle est boréale ou australe, selon que l'Astre se trouve dans l'hémisphère nord ou dans l'hémisphère sud.

La plus grande déclinaison du Soleil est de 23° 28', distance de l'Equateur au Tropique, Nord du 21 mars jusqu'au 22 septembre, et Sud du 22 septembre jusqu'au 21 mars.

La déclinaison du Soleil va en augmentant des équinoxes jusqu'aux solstices, et, en diminuant, des solstices jusqu'aux équinoxes.

Calcul de la hauteur du Soleil.

EXEMPLE 1er.

Le 4 décembre 1853, étant par 43° 33' de latitude N., la déclinaison du Soleil est de 22° 17' S., on demande la hauteur méridienne du Soleil.

OPÉRATION.

Latitude du lieu.	43° 33' N.
Déclinaison du Soleil	22° 17' S.
Distance du Soleil au zénith.	65° 50'
Distance de l'horizon au zénith	90°
Hauteur méridienne du centre au Soleil . .	24° 10

Lorsque la latitude et la déclinaison sont de même dénomination, on les retranche pour avoir la distance du Soleil au zénith.

Calcul de latitude.

EXEMPLE.

Le 1er novembre 1853, étant par 90° de longitude O., on a observé la hauteur méridionale du Soleil de 32° 40', l'œil élevé de 24 pieds au-dessus de l'horizon de la mer, on demande la latitude du lieu.

OPÉRATION.

Déclinaison du Soleil le 1er novembre. . . .		14° 29' 16" S.
Déclinaison du Soleil le 2 novembre		14° 48' 24" S.
Mouvement diurne en 24 heures.		19' 8"
Partie proportionnelle pour 6 heures	+	4' 47"
Déclinaison du Soleil le 1er novembre. . . .		14° 29' 16" S.
Déclinaison du Soleil le 1er novembre, calculée au méridien du bord		14° 34' 3" S.
Hauteur méridienne du bord inférieur du Soleil		32° 40' 0"
Correction pour 24 pieds de hauteur	—	5' 0"
Hauteur apparente		32° 35' 0"
Demi diamètre du Soleil	+	16' 2"

Hauteur vraie du centre du Soleil.	32° 51' 2"
Distance de l'horizon au zénith . . . . —	90° 0' 0"
Distance du Soleil au zénith	57° 8' 58"
Déclinaison du Soleil . . . . —	14° 34' 3" S.
Latitude du lieu calculée	42° 34' 55" N.

Lorsque la déclinaison est N., on fait la somme de la distance du Soleil au zénith pour avoir la latitude du lieu.

Méthode pour corriger les hauteurs du Soleil, observées en proximité de la terre.

EXEMPLE.

Le 1er mars 1853, étant par 0° de longitude du méridien de Paris, à la distance de 2 milles de terre, on a observé la hauteur méridienne du limbe du Soleil de 39° 56'. l'œil élevé au-dessus de l'horizon de la mer de 25 pieds, on demande la latitude du lieu.

OPÉRATION.

Hauteur méridienne observée.	39° 56'
Inclinaison pour 2 milles, à 25 pieds d'élévation . . . . —	8'
Hauteur vraie du centre.	39° 48'
Distance zénitale	90°
Distance du zénith au Soleil	50° 12'
Déclinaison du 1er mars.	7° 31' 47" S.
Latitude du lieu.	42° 40' 13" N.

Calcul de la déclinaison pour une heure quelconque du jour.

EXEMPLE.

On demande la déclinaison du Soleil du 24 août 1853, à 10 h. du soir.

OPÉRATION.

Déclinaison du Soleil le 24 août.	11° 6' 13" N.
Déclinaison du Soleil le 25 aout.	10° 45' 32" N.
Mouvement diurne en 24 heures	20' 41"
Partie proportionnelle pour 10 heures . . . —	8' 37"
Déclinaison du Soleil, le 24 août	11° 6' 13" N.
Déclinaison du Soleil, le 24 aoùt à 10 heures du soir	10° 57' 36" N.

Calcul de longitude par le moyen du Chronomètre.

EXEMPLE.

Le 2 mars 1839 à midi, à Brest, le chronomètre avancait de 2 h. 52 m. 31 s. sur le temps moyen, et le mouvement diurne était + 10s, 2; le 29 du même mois, au soir, étant par 30° 44' de latitude N. et 50° 47' de longitude estimée 0, l'œil élevé de 5 mètres 8 c., à 10 h. 40 m. 56 s. 69, sur le chronomètre on a observé la hauteur du bord inférieur du

Soleil de 17° 39' 18", on demande la vraie longitude du lieu de cette observation.

Calcul de l'heure de Paris.

Heure du chronomètre au moment de l'observation.	10 h.40m56s,69
Avance du chronomètre sur le temps moyen de Brest, le 2 mars.	— 2 h.52m31s,75
Heure approchée de Brest, temps moyen au moment de l'observation, le 29.	7 h.48m24s,94
Avance du chronomètre en 27 jours	— 4m35s,40
Heure plus approchée de Brest, temps moyen au moment de l'observation, le 29	7 h.43m49s,54
Avance proportionnelle du chronom., en 7 h. 43m49s,54	3s,27
Heure de Brest, temps moyen au moment de l'observat.	7 h.43m46s,27
Longitude de Brest, en temps.	+ 27m19s
Heure de Paris, temps moyen au moment de l'observation, le 29.	8 h.11m 5s.27
Equation du temps	— 4m54s68
Heure de Paris, temps vrai au moment de l'observation, le 29	8 h.06m10s.59

Calcul de l'heure du bord, et conclusion de la longitude.

Hauteur observée du bord inférieur du Soleil			17° 39' 18"
Dépression			— 4' 18"
Hauteur apparente du bord inférieur du Soleil . . .			17° 35' 0"
Demi-diamètre du Soleil			+ 16' 2"
Hauteur apparente du centre			17° 51' 2"
Réfaction — la paralaxe.			— 2' 54"
Hauteur vrai			17° 48' 8"
Distance zénitale			72° 11' 52"
Distance zénitale	72° 11' 52"		
Distance polaire	86° 38' 46"	C.Ar.log.sin.	0,000,746
Compl. de la latitude.	59° 16' 0"	C.Ar.log.sin.	0,065,725
Somme	218° 6' 35"		
1/2 Somme	109° 3' 17"		
1/2 Somme distance polaire . .	22° 24' 34"	Log. sin.	9,581,179
1/2 Somme compl. de la latit.	49° 47' 17"	Log. sin.	9,882,901
		Somme . . .	19,530,551
Log. sin. 1/2 Ang. hor. . .		1/2 Somme .	9,765,275
Demi angle horaire			35° 37' 29"
Angle horaire			71° 14' 58"
Un temps à l'heure du bord, le 29.			4 h. 44m 59s 87
Heure de Paris, temps vrai, le 29			8 h. 6m 10s 59
Longitude en temps.			3 h. 21m 10s 72
» en degré			50° 17' 40" 80 0

TABLE 1.

DÉCLINAISON DU SOLEIL POUR L'ANNÉE 1853.

Calculée au Méridien de Paris

Jours.	Janvier.			Février.			Mars.			Avril.			Mai.			Juin.		
	°	'	"	°	'	"	°	'	"	°	'	"	°	'	"	°	'	"
1	23	0	33A	17	3	33A	7	31	47A	4	35	17B	15	6	32B	22	4	44B
2	22	55	18	16	46	15	7	8	56	4	58	23	15	24	33	22	12	41
3	22	49	45	16	28	40	6	45	57	5	21	24	15	42	17	22	20	16
4	22	43	25	16	10	49	6	22	54	5	44	18	15	59	47	22	27	26
5	22	36	47	15	52	40	5	59	45	6	7	7	16	17	0	22	34	14
6	22	29	43	15	34	15	5	36	32	6	30	49	16	33	57	22	40	37
7	22	29	12	15	15	34	5	13	15	6	52	25	16	50	30	22	46	38
8	22	14	15	14	56	38	4	49	53	7	14	53	17	7	2	22	52	23
9	22	5	50	14	37	26	4	26	27	7	37	14	17	23	9	22	57	25
10	21	57	0	14	17	59	4	2	58	7	59	27	17	38	58	23	2	12
11	21	47	36	13	58	20	3	39	29	8	21	27	17	54	34	23	6	34
12	21	37	55	13	38	25	3	15	54	8	43	23	18	9	47	23	10	33
13	21	27	48	13	18	17	2	52	17	8	5	13	18	24	43	23	14	7
14	21	17	17	12	57	55	2	28	37	9	26	54	18	39	20	23	17	16
15	21	6	21	12	37	21	2	4	56	9	48	23	18	53	38	23	20	1
16	20	55	1	12	16	35	1	41	13	10	9	43	19	7	37	23	22	21
17	20	43	17	11	55	37	1	17	30	10	30	53	19	21	17	23	24	17
18	20	31	10	11	34	29	0	53	47	10	51	52	19	34	37	23	25	47
19	20	18	22	11	13	9	0	30	5	11	12	41	19	47	38	23	26	53
20	20	5	45	10	51	39	0	6	22A	11	33	19	20	0	18	23	27	35
21	19	52	31	10	30	14	0	17	10B	11	53	45	20	12	38	23	27	53
22	19	38	52	10	8	25	0	40	59	12	13	57	20	24	37	23	27	49
23	19	24	52	9	46	27	1	4	30	12	34	0	20	36	16	23	27	18
24	19	10	30	9	24	19	1	28	12	12	53	52	20	47	34	23	26	20
25	18	55	46	9	2	3	1	51	46	13	13	30	20	58	30	23	24	57
26	18	40	42	8	39	39	2	15	18	13	32	56	21	9	5	23	23	10
27	18	25	18	8	17	7	2	38	47	13	52	10	21	19	28	23	20	57
28	18	9	33	7	54	31	3	2	13	14	11	40	21	29	9	23	18	24
29	17	53	29	—	—	—	3	25	35	14	29	55	21	38	38	23	15	19
30	17	37	5	—	—	—	3	48	54	14	48	26	21	47	45	23	11	54
31	17	20	23	—	—	—	4	12	9	—	—	—	21	36	29	—	—	—

TABLE 1.

DÉCLINAISON DU SOLEIL POUR L'ANNÉE 1853.

Calculée au Meridien de Paris.

Jours.	Juillet.	Août.	Septembre.	Octobre.	Novembre.	Décembre.
	° ′ ″	° ′ ″	° ′ ″	° ′ ″	° ′ ″	° ′ ″
1	23 7 38B	18 2 1B	8 16 33B	3 13 8A	14 29 16A	21 51 30A
2	23 3 43	17 46 44	7 54 40	3 36 27	14 48 24	22 0 8
3	22 59 5	17 31 11	8 32 39	3 59 43	15 7 19	22 8 45
4	22 54 4	17 15 20	7 10 32	4 22 56	15 25 58	22 17 0
5	22 48 38	16 59 12	6 48 16	4 46 6	15 44 22	22 24 47
6	22 42 48	16 42 47	6 25 54	5 9 14	16 2 31	22 32 8
7	22 36 35	16 26 6	6 3 27	5 32 16	16 20 23	22 39 2
8	22 29 59	16 9 9	5 40 53	5 55 14	16 37 59	22 45 30
9	22 22 58	15 51 57	5 18 13	6 18 12	16 55 18	22 51 31
10	22 15 34	15 34 29	4 55 28	6 40 55	17 12 20	22 57 6
11	22 7 43	15 16 47	4 32 44	7 3 38	17 28 33	23 2 10
12	21 59 33	14 58 50	4 8 50	7 26 15	17 44 56	23 6 50
13	21 51 11	11 40 38	3 46 51	7 48 47	18 1 1	23 11 2
14	21 42 6	12 22 13	3 23 48	8 11 11	18 16 48	23 14 46
15	21 32 48	14 3 33	3 0 41	8 33 30	18 32 16	23 18 13
16	21 33 9	13 44 40	2 37 31	8 55 41	18 47 25	23 20 41
17	21 13 8	12 25 34	2 14 17	9 17 45	19 2 14	23 23 12
18	21 2 45	13 6 15	1 51 0	9 39 41	19 16 42	23 25 4
19	20 52 1	12 46 43	1 27 41	10 1 28	19 30 49	23 26 29
20	20 40 55	12 26 58	1 4 19	10 23 7	19 44 36	23 27 25
21	20 29 35	12 7 13	0 40 56	10 44 36	19 58 1	23 27 52
22	20 17 47	11 47 4	0 17 31B	11 5 57	20 11 4	23 27 58
23	20 5 40	11 26 44	0 5 54A	11 27 8	20 23 45	23 27 23
24	19 53 11	11 6 13	0 29 19	11 48 8	20 39 3	23 26 29
25	19 40 13	10 45 32	0 52 45	12 8 56	20 48 1	23 25 7
26	19 27 15	10 24 39	1 16 10	12 29 35	20 59 33	23 23 17
27	18 13 48	10 3 38	1 39 35	12 50 1	21 10 42	23 21 0
28	19 0 1	9 42 25	2 3 0	13 10 16	21 21 18	23 18 13
29	18 45 56	9 21 5	2 26 24	13 30 19	21 31 39	23 14 58
30	18 31 32	8 59 35	2 49 46	13 50 7	21 41 33	23 11 16
31	18 16 50	8 37 57	— — —	14 9 44	— — —	23 7 5

TABLE II

DÉCLINAISON DU SOLEIL POUR L'ANNÉE 1854.

Calculée au Méridien de Paris

Jours.	Janvier			Février.			Mars.			Avril.			Mai.			Juin.		
	°	'	"	°	'	"	°	'	"	°	'	"	°	'	"	°	'	"
1	23	1	44A	17	7	30A	7	37	39A	4	29	38B	15	2	6B	22	2	44B
2	22	56	34	16	50	26	7	14	27	4	52	44	15	20	8	22	10	47
3	22	50	37	16	32	55	6	51	29	5	15	45	15	37	55	22	18	27
4	22	44	53	16	15	8	6	28	27	5	38	40	15	55	26	22	25	44
5	22	38	31	15	57	3	6	5	19	6	1	28	16	12	42	22	32	36
6	22	31	32	15	38	42	5	42	6	6	14	0	16	29	41	22	39	6
7	22	24	47	15	20	6	5	18	48	6	46	46	16	46	25	22	45	11
8	22	16	5	15	1	13	4	55	26	7	9	16	17	2	51	22	50	52
9	22	7	48	14	32	5	4	31	59	7	31	38	17	19	1	22	56	9
10	21	59	4	14	22	43	4	8	30	7	53	53	17	34	58	23	1	2
11	21	49	54	14	3	6	3	44	57	8	16	0	17	50	37	23	5	31
12	21	40	18	13	43	15	3	21	41	8	37	58	18	5	58	23	9	36
13	21	30	19	13	23	15	2	58	6	9	1	49	18	20	57	23	13	16
14	21	19	54	13	2	52	2	34	27	9	21	30	18	35	39	23	16	32
15	21	9	4	12	42	22	2	10	57	9	43	3	18	50	1	23	19	22
16	20	57	50	12	21	30	1	47	5	10	4	26	19	4	5	23	21	18
17	20	46	11	12	0	44	1	23	23	10	25	39	19	17	50	23	22	45
18	20	34	9	11	39	37	0	59	39	10	46	43	19	31	15	23	23	46
19	20	21	44	11	18	18	0	35	56	11	7	35	19	44	20	23	25	26
20	20	8	55	10	56	51	0	12	12A	11	28	17	19	57	15	23	26	35
21	19	55	44	10	35	28	0	11	29B	11	48	42	20	9	40	23	27	26
22	19	42	10	10	13	42	0	35	10	12	9	0	20	21	44	23	27	49
23	19	28	14	9	51	45	0	58	49	12	29	7	20	33	27	23	27	51
24	19	13	56	9	29	39	1	22	26	12	49	1	20	44	49	23	27	27
25	18	59	18	9	7	25	1	46	1	13	8	42	20	55	49	23	26	35
26	18	44	19	8	45	2	2	9	34	13	28	10	21	6	29	23	23	36
27	18	28	59	8	22	32	2	33	4	13	47	25	21	16	46	23	21	30
28	18	13	19	7	59	54	2	56	1	14	6	27	21	26	41	23	18	59
29	17	57	19	—	—	—	3	19	54	14	25	14	21	36	14	23	16	4
30	17	41	1	—	—	—	3	43	12	14	43	47	21	45	25	23	13	18
31	17	24	23	—	—	—	4	6	28	—	—	—	21	54	13	—	—	—

TABLE II

DÉCLINAISON DU SOLEIL POUR L'ANNÉE 1854.

Calculuée au Meridien de Paris.

Jours	Juillet.	Août.	Septembre.	Octobre.	Novembre.	Décembre.
	° ' "	° ' "	° ' "	° ' "	° ' "	° ' "
1	23 8 32B	18 5 33B	8 21 41B	3 7 35A	14 24 20A	21 48 44A
2	23 4 26	17 50 21	7 59 51	3 30 58	14 43 32	21 57 55
3	22 59 55	17 34 52	7 37 52	3 54 9	15 2 28	22 6 41
4	22 55 1	17 19 25	7 15 46	4 17 22	15 21 10	22 15 1
5	22 49 42	17 3 1	6 53 32	4 40 32	15 39 37	22 22 56
6	22 43 59	16 46 40	6 31 12	5 3 39	15 57 48	22 30 25
7	22 37 53	16 30 4	6 8 45	5 26 43	16 15 44	22 37 27
8	22 31 23	16 13 11	5 46 12	5 49 42	16 33 23	22 44 2
9	22 24 30	15 56 2	5 23 33	6 12 37	16 50 48	22 50 11
10	22 17 13	15 38 38	5 0 48	6 35 27	17 7 54	22 55 53
11	22 9 36	15 20 53	4 38 6	6 58 16	17 24 35	23 0 57
12	22 1 33	15 3 4	4 15 11	7 20 55	17 41 4	23 5 43
13	21 53 8	14 45 1	3 52 11	7 42 29	17 57 15	23 10 2
14	21 44 20	14 26 55	3 29 7	8 5 57	18 13 7	23 13 59
15	21 35 9	14 8 2	3 5 59	8 28 17	18 28 40	23 17 16
16	21 25 36	13 49 13	2 42 47	8 50 31	18 43 34	23 20 12
17	21 15 42	13 30 9	2 19 33	9 12 37	18 58 47	23 22 39
18	21 5 26	13 10 53	1 56 16	9 34 35	19 13 20	23 24 38
19	20 54 48	12 51 24	1 32 56	9 56 25	19 27 33	23 26 30
20	20 43 49	12 31 43	1 9 34	10 17 20	19 41 24	23 27 11
21	20 32 29	12 11 50	0 46 10	10 39 36	19 54 52	23 27 46
22	20 20 48	11 51 46	0 23 45	11 0 58	20 8 0	23 27 52
23	20 8 47	11 31 30	0 0 42B	11 22 11	20 20 45	23 27 32
24	19 56 26	11 11 3	0 24 7A	11 43 12	20 33 9	23 26 45
25	19 43 43	10 50 26	0 47 30	12 4 3	20 45 9	23 25 27
26	19 30 42	10 29 41	1 10 54	12 24 44	20 56 40	23 23 40
27	19 17 21	10 8 43	1 34 17	12 45 12	21 7 59	23 21 24
28	19 3 42	9 47 36	1 57 40	13 5 29	21 18 48	23 18 41
29	18 49 42	9 26 20	2 21 2	13 25 33	21 29 13	23 15 29
30	18 35 24	9 4 54	2 44 22	13 45 25	21 39 0	23 11 50
31	18 20 49	8 43 20	— — —	14 5 3	— — —	23 7 42

TABLE III.

DÉCLINAISON DU SOLEIL POUR L'ANNÉE 1853

Calculée au Méridien de Paris

Jours.	Janvier.			Février.			Mars.			Avril.			Mai.			Juin.		
	°	'	"	°	'	"	°	'	"	°	'	"	°	'	"	°	'	"
1	23	2	50A	17	11	48A	7	43	53A	4	23	56B	14	57	4B	22	0	39B
2	22	57	49	16	54	39	7	20	5	4	47	3	15	15	44	22	8	47
3	22	52	21	16	37	13	6	57	10	5	10	5	15	33	34	22	16	32
4	22	46	26	16	19	29	6	34	10	5	33	1	15	51	11	22	23	53
5	22	40	4	16	1	28	6	11	5	5	56	12	16	8	33	22	30	52
6	22	33	14	15	43	11	5	47	53	6	18	37	16	23	40	22	37	27
7	22	25	59	15	24	34	5	24	37	6	41	16	16	42	29	22	43	39
8	22	18	16	15	5	47	5	1	17	7	3	48	16	59	3	22	49	27
9	22	10	7	14	46	43	4	37	53	7	26	13	17	15	20	22	54	50
10	22	1	32	14	27	23	4	14	24	7	48	30	17	31	19	22	59	49
11	21	52	8	14	7	52	3	50	56	8	10	39	17	46	13	23	4	28
12	21	42	39	13	48	6	3	27	32	8	32	41	18	2	20	23	8	39
13	21	32	42	13	28	4	3	3	45	8	54	34	18	17	25	23	12	25
14	21	22	24	13	7	49	2	40	6	9	16	19	18	32	12	23	15	47
15	21	11	41	12	47	21	2	16	26	9	37	53	18	46	40	23	18	44
16	21	0	34	12	26	41	1	52	44	9	59	18	19	0	49	23	21	16
17	20	49	3	12	5	49	1	29	1	10	20	34	19	14	38	23	23	23
18	20	37	7	11	44	46	1	5	18	10	41	38	19	28	8	23	25	6
19	20	24	47	11	23	32	0	41	34	11	2	33	19	41	19	23	26	44
20	20	12	0	11	2	6	0	17	51A	11	23	16	19	54	9	23	27	17
21	19	58	53	10	41	31	0	5	49B	11	43	49	20	6	38	23	27	45
22	19	45	27	10	19	46	0	29	29	12	4	5	20	18	47	23	27	49
23	19	31	38	9	56	51	0	53	7	12	24	13	20	30	36	23	27	32
24	19	17	28	9	34	48	1	16	43	12	44	10	20	42	3	23	26	46
25	19	2	56	9	12	36	1	40	18	13	3	54	20	53	9	23	25	35
26	18	48	3	8	50	15	2	3	50	13	23	24	21	3	53	23	23	59
27	18	32	50	8	27	47	2	27	19	13	42	42	21	14	17	23	21	59
28	18	17	16	8	5	11	2	50	46	14	1	46	21	24	17	23	19	34
29	18	1	22	—	—	—	3	14	10	14	20	37	21	33	55	23	16	45
30	17	45	10	—	—	—	3	37	29	14	39	13	21	43	13	23	13	31
31	17	28	38	—	—	—	4	0	45	—	—	—	21	52	7	—	—	—

TABLE III.

DÉCLINAISON DU SOLEIL POUR L'ANNÉE 1855
Calculée au Meridien de Paris.

Jours.	Juillet.			Août.			Septembre.			Octobre.			Novembre.			Décembre.		
	°	'	"	°	'	"	°	'	"	°	'	"	°	'	"	°	'	"
1	23	9	47B	18	9	12B	8	26	57B	3	1	54A	14	19	53A	21	46	34A
2	23	5	44	17	54	3	8	5	7	3	25	14	14	39	8	21	55	52
3	23	1	17	17	38	37	7	43	10	3	48	31	14	57	48	22	4	43
4	22	56	26	17	22	54	7	21	6	4	11	46	15	16	54	22	13	10
5	22	51	11	17	6	54	6	58	54	4	35	0	15	35	25	22	21	11
6	22	45	32	16	50	26	6	36	36	4	58	9	15	53	41	22	28	46
7	22	39	31	16	34	2	6	14	9	5	21	14	16	11	41	22	36	5
8	22	33	2	16	17	12	5	51	39	5	44	14	16	29	24	22	42	37
9	22	26	12	16	0	6	5	29	2	6	7	10	16	46	50	22	48	35
10	22	18	59	15	43	5	5	6	19	6	30	2	17	4	0	22	54	22
11	22	11	22	15	25	13	4	43	31	6	52	48	17	20	31	22	59	42
12	22	3	23	15	7	23	4	20	39	7	15	28	17	37	5	23	4	35
13	21	55	1	14	49	18	3	57	42	7	38	3	17	53	20	23	9	0
14	21	46	16	14	30	58	3	34	49	8	0	31	18	9	16	23	12	57
15	21	37	9	14	12	24	3	11	36	8	22	53	18	24	53	23	16	27
16	21	27	49	13	53	38	2	48	27	8	45	8	18	40	11	23	19	29
17	21	17	58	13	34	38	2	25	15	9	7	15	18	55	8	23	22	3
18	21	7	45	13	15	25	2	2	0	9	29	14	19	9	45	23	24	9
19	20	57	11	12	55	59	1	38	43	9	51	4	19	24	2	23	25	47
20	20	46	7	12	36	21	1	15	23	10	12	46	19	37	58	23	26	57
21	20	35	1	12	16	31	0	52	1	10	34	20	19	51	31	23	27	39
22	20	23	25	11	56	29	0	28	38	10	55	44	20	4	44	23	27	53
23	20	11	28	11	36	16	0	5	13B	11	16	58	20	17	35	23	27	41
24	19	59	11	11	15	52	0	18	11A	11	38	2	20	30	4	23	26	53
25	19	46	34	10	55	17	0	41	36	11	58	56	20	42	10	23	25	41
26	19	33	37	10	34	31	1	5	0	12	19	40	20	53	53	23	24	1
27	19	20	21	10	13	35	1	28	24	12	40	12	21	5	12	23	21	52
28	19	6	45	9	52	29	1	51	49	13	0	32	21	16	8	23	19	15
29	18	52	50	9	31	23	2	15	13	13	20	40	21	26	40	23	16	10
30	18	38	26	9	9	48	2	38	35	13	40	36	21	36	46	23	12	37
31	18	24	4	8	48	24	—	—	—	14	0	19	—	—	—	23	8	36

TABLE IV

DÉCLINAISON DU SOLEIL POUR L'ANNÉE 1856

Calculée au Méridien de Paris

Jours.	Janvier.	Février.	Mars.	Avril.	Mai.	Juin.
	° ' "	° ' "	° ' "	° ' "	° ' "	° ' "
1	23 4 17A	17 16 32A	7 26 19A	4 40 52B	15 10 55B	22 6 43B
2	22 59 22	16 59 28	7 3 26	5 3 55	15 28 52	22 14 35
3	22 54 2	16 42 17	6 40 27	5 26 54	15 46 33	22 22 4
4	22 48 11	16 25 4	6 17 23	5 49 35	16 4 59	22 29 9
5	22 41 51	16 6 31	5 54 14	6 12 32	16 21 8	22 35 51
6	22 35 6	15 48 21	5 31 0	6 35 14	16 38 2	22 42 10
7	22 27 54	15 29 52	5 7 41	6 57 47	16 54 41	22 48 4
8	22 20 16	15 11 8	4 44 19	7 20 11	17 11 1	22 53 35
9	22 12 12	14 52 7	4 20 52	7 42 31	17 27 4	22 58 22
10	22 3 42	14 32 52	3 57 21	8 4 43	17 42 49	23 3 24
11	21 54 46	14 13 22	3 33 48	8 26 47	17 58 17	23 7 35
12	21 45 23	13 53 39	3 10 13	8 48 42	18 13 27	23 11 28
13	21 35 35	13 33 52	2 46 35	9 10 29	18 28 19	23 14 56
14	21 25 23	13 13 30	2 22 55	9 32 7	18 42 52	23 17 59
15	21 14 45	12 53 6	1 59 14	9 53 35	18 57 6	23 20 38
16	21 3 43	12 32 30	1 35 32	10 14 52	19 11 1	23 22 54
17	20 52 17	12 11 42	1 11 49	10 35 59	19 24 37	23 24 44
18	20 40 27	11 50 42	0 48 6	10 56 57	19 37 53	23 26 9
19	20 28 14	11 29 31	0 24 23	11 17 44	19 50 49	23 27 9
20	20 15 38	11 8 12	0 0 41A	11 38 20	20 3 23	23 27 44
21	20 2 39	10 47 39	0 23 40B	11 58 44	20 15 38	23 27 54
22	19 49 17	10 25 57	0 46 40	12 18 56	20 27 33	23 27 40
23	19 35 33	10 3 6	1 10 19	12 38 56	20 29 6	23 27 1
24	19 21 28	9 41 7	1 33 44	12 58 43	20 51 18	23 25 57
25	19 7 1	9 19 58	1 57 17	13 18 19	21 1 9	23 24 28
26	18 52 14	8 56 41	2 20 48	13 37 38	21 11 38	23 22 34
27	18 37 6	8 34 16	2 44 17	13 56 46	21 21 45	23 20 16
28	18 21 39	8 11 44	3 7 52	14 15 39	21 30 20	23 17 34
29	18 5 32	7 49 5	3 31 13	14 34 10	21 40 53	23 14 29
30	17 49 43	— — —	3 54 30	14 52 46	21 49 52	23 10 57
31	17 33 16	— — —	4 17 42	— — —	21 58 30	— — —

TABLE IV

DÉCLINAISON DU SOLEIL POUR L'ANNÉE 1856

Calculée au Meridien de Paris.

Jours.	Juillet.	Août.	Septembre.	Octobre.	Novembre.	Décembre.
	° ' "	° ' "	° ' "	° ' "	° ' "	° ' "
1	23 6 57B	17 58 39B	8 11 19B	3 18 44A	14 33 35A	21 53 16A
2	23 2 40	17 43 4	7 49 26	3 42 1	14 52 30	22 2 53
3	22 57 55	17 27 8	7 27 22	4 5 15	15 11 32	22 10 47
4	22 52 47	17 11 32	7 5 10	4 28 27	15 30 8	22 18 54
5	22 47 14	16 55 18	6 42 52	4 51 36	15 48 29	22 26 36
6	22 41 18	16 38 48	6 20 28	5 14 41	16 6 35	22 33 51
7	22 34 58	16 22 2	5 57 58	5 37 42	16 24 24	22 40 39
8	22 28 14	16 5 0	5 35 22	6 0 39	16 41 57	22 47 1
9	22 21 8	15 47 43	5 12 40	6 23 31	16 59 12	22 52 56
10	22 13 38	15 30 11	4 49 3	6 46 18	17 16 0	22 58 24
11	22 5 45	15 12 32	4 27 13	7 9 12	17 32 36	23 3 23
12	21 57 31	14 54 32	4 4 13	7 31 49	17 48 57	23 7 56
13	21 49 52	14 36 15	3 41 16	7 54 20	18 5 1	23 12 1
14	21 39 53	14 17 45	3 18 12	8 15 33	18 20 45	23 15 39
15	21 30 30	13 59 2	2 55 4	8 39 0	18 36 10	23 18 48
16	21 20 45	13 40 4	2 31 52	9 1 9	18 51 14	23 21 30
17	21 10 38	13 20 53	2 8 37	9 23 0	19 6 0	23 23 44
18	21 0 10	13 1 30	1 45 19	9 45 4	19 20 25	23 25 29
19	20 49 20	12 41 53	1 21 59	10 7 3	19 34 28	23 26 47
20	20 38 11	12 22 6	0 58 37	10 28 25	19 48 10	23 27 36
21	20 26 44	12 2 22	0 34 53	10 49 50	20 1 14	23 27 57
22	20 14 53	11 42 11	0 11 48B	11 11 7	20 14 11	23 27 50
23	20 2 41	11 21 50	0 11 36A	11 32 14	20 26 46	23 27 15
24	19 50 9	11 1 19	0 34 59	11 53 10	20 38 58	23 26 11
25	19 37 16	10 40 37	0 58 23	12 13 56	20 50 47	23 24 38
26	19 24 4	10 19 46	1 21 48	12 34 31	21 2 14	23 22 37
27	19 10 32	9 58 44	1 45 12	12 54 53	21 13 15	23 20 8
28	18 56 43	9 37 33	2 8 36	13 15 15	21 23 54	23 17 11
29	18 42 39	9 16 12	2 31 59	13 35 4	21 33 59	23 13 46
30	18 28 7	8 54 42	2 55 21	13 54 50	21 43 58	23 9 53
31	18 13 21	8 33 3	— — —	14 14 24	— — —	23 5 32

TABLE V.

DÉCLINAISON DU SOLEIL POUR L'ANNÉE 1857.

Calculée au Méridien de Paris

Jours	Janvier			Février.			Mars.			Avril.			Mai.			Juin.		
	°	'	"	°	'	"	°	'	"	°	'	"	°	'	"	°	'	"
1	23	0	33A	17	3	33A	7	31	47A	4	35	17B	15	6	32B	22	4	44B
2	22	55	18	16	46	15	7	8	56	4	58	23	15	24	33	22	12	41
3	22	49	45	16	28	40	6	45	57	5	21	24	15	42	17	22	20	16
4	22	43	25	16	10	49	6	22	54	5	44	18	15	59	47	22	27	36
5	22	36	47	15	52	40	5	59	45	6	7	7	16	17	0	22	34	14
6	22	29	43	15	34	15	5	36	32	6	30	49	16	33	57	22	40	37
7	22	22	12	15	15	34	5	13	15	6	52	25	16	50	30	22	46	38
8	22	14	15	14	56	38	4	49	53	7	14	53	17	7	2	22	52	23
9	22	5	50	14	37	26	4	26	27	7	37	14	17	23	9	22	57	25
10	21	57	0	14	17	59	4	2	58	7	59	27	17	38	58	23	2	12
11	21	47	36	13	58	20	3	39	29	8	21	27	17	54	34	23	6	34
12	21	37	55	13	38	25	3	15	54	8	43	23	18	9	47	23	10	33
13	21	27	48	13	18	17	2	52	17	9	5	13	18	24	43	23	14	7
14	21	17	17	12	57	55	2	28	37	9	26	54	18	39	20	23	17	16
15	21	6	21	12	37	21	2	4	56	9	48	23	18	53	38	23	20	1
16	20	55	1	12	16	35	1	41	13	10	9	43	19	7	37	23	22	21
17	20	43	17	11	55	37	1	17	30	10	30	53	19	21	17	23	24	17
18	20	31	10	11	34	29	0	53	47	10	51	52	19	34	37	23	25	47
19	20	18	22	11	13	9	0	30	5	11	12	41	19	47	38	23	26	53
20	20	5	45	10	51	39	0	6	22A	11	33	19	20	0	18	23	27	35
21	19	52	31	10	30	14	0	17	10B	11	53	45	20	12	38	23	27	53
22	19	38	52	10	8	25	0	40	59	12	13	57	20	24	37	23	27	49
23	19	24	52	9	46	27	1	4	30	12	34	0	20	36	16	23	27	18
24	19	10	30	9	24	19	1	28	12	12	53	52	20	47	34	23	26	20
25	18	55	46	9	2	3	1	51	46	13	13	30	20	58	30	23	24	57
26	18	40	42	8	39	39	2	15	18	13	32	56	21	9	5	23	23	10
27	18	25	18	8	17	7	2	38	47	13	52	10	21	19	28	23	20	57
28	18	9	33	7	54	31	3	2	13	14	11	10	21	29	9	23	18	21
29	17	53	29	—	—	—	3	25	35	14	29	55	21	38	38	23	15	19
30	17	37	5	—	—	—	3	48	54	14	48	26	21	47	45	23	11	54
31	17	20	23	—	—	—	4	12	9	—	—	—	21	36	29	—	—	—

TABLE V.

DÉCLINAISON DU SOLEIL POUR L'ANNÉE 1857.

Calculée au Méridien de Paris

Jours	Juillet.	Août.	Septembre.	Octobre.	Novembre.	Décembre
	° ' "	° ' "	° ' "	° ' "	° ' "	° ' "
1	23 7 38B	18 2 1B	8 16 33B	3 13 8A	14 29 16A	21 51 3A
2	23 3 43	17 46 44	7 54 40	3 36 27	14 48 24	22 0 8
3	22 59 5	17 31 11	8 32 39	3 59 43	15 7 19	22 8 47
4	22 54 4	17 15 20	7 10 32	4 22 56	15 25 58	22 17 0
5	22 48 38	16 59 12	6 48 16	4 46 6	15 44 22	22 24 47
6	22 42 48	16 42 47	6 25 54	5 9 14	16 2 31	22 32 8
7	22 36 35	16 26 6	6 3 27	5 32 16	16 20 23	22 39 2
8	22 29 59	16 9 9	5 40 53	5 55 14	16 37 59	22 45 30
9	22 22 58	15 51 57	5 18 13	6 18 12	16 55 18	22 51 31
10	22 15 34	15 34 29	4 55 28	6 40 55	17 12 20	22 57 6
11	22 7 43	15 16 47	4 32 44	7 3 38	17 28 33	23 2 10
12	21 59 33	14 58 50	4 9 50	7 26 15	17 44 56	23 6 50
13	21 51 11	11 40 38	3 46 51	7 48 47	18 1 1	23 11 2
14	21 42 6	12 22 13	3 23 48	8 11 11	18 16 48	23 14 46
15	21 32 48	14 3 33	3 0 41	8 33 30	18 32 16	23 18 13
16	21 23 9	13 44 40	2 37 31	8 55 41	18 47 25	23 20 41
17	21 13 8	12 25 34	2 14 17	9 17 45	19 2 14	23 23 12
18	21 2 45	13 6 15	1 51 0	9 39 41	19 16 42	23 25 4
19	20 52 1	12 46 43	1 27 41	10 1 28	19 30 49	23 26 29
20	20 40 55	12 26 58	1 4 19	10 23 7	19 44 36	23 27 25
21	20 29 35	12 7 13	0 40 56	10 44 36	19 58 1	23 27 52
22	20 17 47	11 47 4	0 17 31B	11 5 57	20 11 4	23 27 58
23	20 5 40	11 26 44	0 5 54A	11 27 8	20 23 45	23 27 23
24	19 53 11	11 6 13	0 29 19	11 48 8	20 39 3	23 26 29
25	19 40 13	10 45 32	0 52 45	12 8 56	20 48 1	23 25 7
26	19 27 15	10 24 39	1 16 10	12 29 35	20 59 33	23 23 17
27	19 13 48	10 3 38	1 39 35	12 50 1	21 10 42	23 21 0
28	19 0 1	9 42 25	2 3 0	13 10 16	21 21 18	23 18 13
29	18 45 56	9 21 5	2 26 24	13 30 19	21 31 39	23 14 58
30	18 31 32	8 59 35	2 49 46	13 50 7	21 41 33	23 11 16
31	18 16 50	8 37 57	— — —	14 9 44	— — —	23 7 5

TABLE VI.

DÉCLINAISON DU SOLEIL POUR L'ANNÉE 1858.

Calculée au Méridien de Paris.

Jours	Janvier.			Février.			Mars.			Avril.			Mai			Juin.		
	°	'	"	°	'	"	°	'	"	°	'	"	°	'	"	°	'	"
1	23	1	44A	17	7	39A	7	37	19A	4	29	38B	15	2	6B	22	2	44B
2	22	56	34	16	50	26	7	14	27	4	52	44	15	20	8	22	10	47
3	22	50	57	16	32	55	6	51	29	5	15	45	15	37	55	22	18	27
4	22	44	53	16	15	8	6	28	27	5	38	40	15	55	26	22	25	44
5	22	38	31	15	57	3	6	5	19	6	1	28	16	12	42	22	32	36
6	22	31	22	15	38	42	5	42	6	6	24	0	16	29	41	22	39	6
7	22	23	47	15	20	6	5	18	48	6	46	46	16	46	25	22	45	11
8	22	16	5	15	1	13	4	55	26	7	9	16	17	2	51	22	50	52
9	22	7	48	14	42	5	4	31	59	7	31	38	17	19	1	22	56	9
10	21	59	4	14	22	43	4	8	30	7	53	53	17	34	58	23	1	2
11	21	49	54	14	3	6	3	44	57	8	16	0	17	50	37	23	5	31
12	21	40	19	13	43	10	3	21	41	8	37	58	18	5	58	23	9	36
13	21	30	19	13	23	15	2	58	6	9	1	49	18	20	57	23	13	16
14	21	19	54	13	2	52	2	34	27	9	21	30	18	35	39	23	16	32
15	21	9	4	12	42	22	2	10	57	9	43	3	18	50	1	23	19	22
16	20	57	50	12	21	39	1	47	5	10	4	26	19	4	5	23	21	18
17	20	46	11	12	0	44	1	23	23	10	25	39	19	17	50	23	22	45
18	20	34	9	11	39	37	0	59	39	10	46	43	19	31	15	23	23	46
19	20	21	44	11	18	18	0	35	56	11	7	35	19	44	20	23	25	26
20	20	8	55	10	56	51	0	12	12A	11	28	17	19	57	15	23	26	35
21	19	55	44	10	35	28	0	11	29B	11	48	42	20	9	40	23	27	28
22	19	42	10	10	13	42	0	35	10	12	9	0	20	21	44	23	27	49
23	19	28	14	9	51	45	0	58	49	12	29	7	20	33	27	23	27	54
24	19	13	56	9	29	39	1	22	26	12	49	1	20	44	49	23	27	27
25	18	59	18	9	7	25	1	46	1	13	8	42	20	55	49	23	26	35
26	18	44	19	8	45	2	2	9	34	13	28	10	21	6	29	23	23	36
27	18	28	59	8	22	32	2	33	4	13	47	25	21	16	46	23	21	30
28	18	13	19	7	59	54	2	56	1	14	6	27	21	26	41	23	18	59
29	17	57	19	—	—	—	3	19	54	14	25	14	21	36	14	23	16	4
30	17	41	1	—	—	—	3	43	12	14	43	47	21	45	25	23	13	8
31	17	24	23	—	—	—	4	6	28	—	—	—	21	54	13	—	—	—

TABLE VI.

DÉCLINAISON DU SOLEIL POUR L'ANNÉE 1858

Calculée au Meridien de Paris.

Jours.	Juillet.	Août.	Septembre.	Octobre.	Novembre.	Décembre.
	° ' "	° ' "	° ' "	° ' "	° ' "	° ' "
1	23 8 32B	18 5 33B	8 21 41B	3 7 35A	14 24 20A	21 48 44A
2	23 4 26	17 50 21	7 59 51	3 30 58	14 43 32	21 57 55
3	22 59 55	17 34 52	7 37 52	3 54 9	15 2 28	22 6 41
4	22 55 1	17 19 25	7 15 46	4 17 22	15 21 10	22 15 1
5	22 49 42	17 3 1	6 53 32	4 40 32	15 39 37	22 22 56
6	22 43 59	16 46 40	6 31 12	5 3 39	15 57 48	22 30 25
7	22 37 53	16 30 4	6 8 45	5 26 43	16 15 44	22 37 27
8	22 31 23	16 13 11	5 46 12	5 49 42	16 33 23	22 44 2
9	22 24 30	15 56 2	5 23 33	6 12 37	16 50 48	22 50 11
10	22 17 13	15 38 38	5 0 48	6 35 27	17 7 54	22 55 53
11	22 9 36	15 20 53	4 38 6	6 58 16	17 24 35	23 0 57
12	22 1 33	15 3 4	4 15 11	7 20 55	17 41 4	23 5 43
13	21 53 8	14 45 1	3 52 11	7 42 29	17 57 15	23 10 2
14	21 44 20	14 26 55	3 29 7	8 5 57	18 13 7	23 13 59
15	21 35 9	14 8 2	3 5 59	8 28 17	18 28 40	23 17 16
16	21 25 36	13 49 13	2 42 47	8 50 31	18 43 34	23 20 12
17	21 15 42	13 30 9	2 19 33	9 12 37	18 58 47	23 22 39
18	21 5 26	13 10 53	1 56 16	9 34 35	19 13 20	23 24 38
19	20 54 48	12 51 24	1 32 56	9 56 25	19 27 33	23 26 39
20	20 43 49	12 31 43	1 9 34	10 17 20	19 41 24	23 27 11
21	20 32 29	12 11 50	0 46 10	10 39 36	19 54 52	23 27 46
22	20 20 48	11 51 46	0 22 45	11 0 58	20 8 0	23 27 52
23	20 8 47	11 31 30	0 0 42B	11 22 11	20 20 45	23 27 32
24	19 56 26	11 11 3	0 24 7A	11 43 12	20 33 9	23 26 45
25	19 43 43	10 50 26	0 47 30	12 4 3	20 45 9	23 25 27
26	19 30 42	10 29 41	1 10 54	12 24 44	20 56 40	23 23 40
27	19 17 21	10 8 43	1 34 17	12 45 12	21 7 59	23 21 24
28	19 [illegible] [illegible]	9 47 36	1 57 40	13 5 29	21 18 48	23 18 41
29	[illegible] [illegible] 42	9 26 20	2 21 2	13 25 33	21 29 13	23 15 29
30	18 35 [illegible]	9 [illegible] 54	2 44 22	13 45 25	21 39 0	23 11 50
31	18 [illegible] [illegible]	8 [illegible] 20	— — —	14 5 3	— — —	23 7 42

TABLE VII.

DÉCLINAISON DU SOLEIL POUR L'ANNÉE 1859

Calculée au Méridien de Paris

Jours.	Janvier.			Février.			Mars.			Avril.			Mai.			Juin.		
	°	'	"	°	'	"	°	'	"	°	'	"	°	'	"	°	'	"
1	23	2	50 A	17	11	48 A	7	43	53 A	4	23	56 B	14	57	4 B	22	0	39 B
2	22	57	49	16	54	39	7	20	5	4	47	3	15	15	44	22	8	47
3	22	52	21	16	37	13	6	57	10	5	10	5	15	33	34	22	16	32
4	22	46	26	16	19	29	6	34	10	5	33	1	15	51	11	22	23	53
5	22	40	4	16	1	28	6	11	5	5	56	12	16	8	33	22	30	52
6	22	33	14	15	43	11	5	47	53	6	18	37	16	23	40	22	37	27
7	22	25	59	15	24	34	5	24	37	6	41	16	16	42	29	22	43	39
8	22	18	16	15	5	47	5	1	17	7	3	48	16	59	3	22	49	27
9	22	10	7	14	46	43	4	37	53	7	26	13	17	15	20	22	54	50
10	22	1	32	14	27	23	4	14	24	7	48	30	17	31	19	22	59	49
11	21	52	8	14	7	52	3	50	56	8	10	39	17	46	13	23	4	28
12	21	42	39	13	48	6	3	27	32	8	32	41	18	2	20	23	8	39
13	21	32	42	13	28	4	3	3	45	8	54	34	18	17	25	23	12	25
14	21	22	24	13	7	49	2	40	6	9	16	19	18	32	12	23	15	47
15	21	11	41	12	47	21	2	16	26	9	37	53	18	46	40	23	18	44
16	21	0	34	12	26	41	1	52	44	9	59	18	19	0	49	23	21	16
17	20	49	3	12	5	49	1	29	1	10	20	34	19	14	38	23	23	23
18	20	37	7	11	44	46	1	5	18	10	41	38	19	28	8	23	25	6
19	20	24	47	11	23	32	0	41	34	11	2	33	19	41	19	23	26	44
20	20	12	0	11	2	6	0	17	51 A	11	23	16	19	54	9	23	27	17
21	19	58	53	10	41	31	0	5	49 B	11	43	49	20	6	38	23	27	45
22	19	45	27	10	19	46	0	29	29	12	4	5	20	18	47	23	27	49
23	19	31	38	9	56	51	0	53	7	12	24	13	20	30	36	23	27	32
24	19	17	28	9	34	48	1	16	43	12	44	10	20	42	3	23	26	46
25	19	2	56	9	12	36	1	40	18	13	3	54	20	53	9	23	25	35
26	18	48	3	8	50	15	2	3	50	13	23	24	21	3	53	23	23	59
27	18	32	50	8	27	47	2	27	19	13	42	42	21	14	17	23	21	59
28	18	17	16	8	5	11	2	50	46	14	1	46	21	24	17	23	19	34
29	18	1	22	—	—	—	3	14	10	14	20	37	21	33	55	23	16	45
30	17	45	10	—	—	—	3	37	29	14	39	13	21	43	13	23	13	31
31	17	28	38	—	—	—	4	00	45	—	—	—	21	52	7	—	—	—

TABLE VII.

DÉCLINAISON DU SOLEIL POUR L'ANNÉE 1859.

Calculée au Meridien de Paris.

Jours.	Juillet.	Août.	Septembre.	Octobre.	Novembre.	Décembre.
	° ′ ″	° ′ ″	° ′ ″	° ′ ″	° ′ ″	° ′ ″
1	23 9 47B	18 9 12B	8 26 57B	3 1 54A	14 19 53A	21 46 34A
2	23 5 44	17 54 3	8 5 7	3 25 14	14 39 8	21 55 52
3	23 1 17	17 38 37	7 43 10	3 48 31	14 57 48	22 4 43
4	22 56 26	17 22 54	7 21 6	4 11 46	15 16 54	22 13 10
5	22 51 11	17 6 54	6 58 54	4 35 0	15 35 25	22 21 11
6	22 45 32	16 50 26	6 36 36	4 58 9	15 53 41	22 28 46
7	22 39 31	16 34 2	6 14 9	5 21 14	16 11 41	22 36 5
8	22 33 2	16 17 12	5 51 39	5 44 14	16 29 24	22 42 37
9	22 26 12	16 0 6	5 29 2	6 7 10	16 46 50	22 48 35
10	22 18 59	15 43 5	5 6 19	6 30 2	17 4 0	22 54 22
11	22 11 22	15 25 13	4 43 31	6 52 48	17 20 31	22 59 42
12	22 3 23	15 7 23	4 20 39	7 15 28	17 37 5	23 4 35
13	21 55 1	14 49 18	3 57 42	7 38 3	17 53 20	23 9 0
14	21 46 16	14 30 58	3 34 49	8 0 31	18 9 16	23 12 57
15	21 37 9	14 12 24	3 11 36	8 22 53	18 24 53	23 16 27
16	21 27 49	13 53 38	2 48 27	8 45 8	18 40 11	23 19 29
17	21 17 58	13 34 38	2 25 15	9 7 15	18 55 8	23 22 3
18	21 7 45	13 15 25	2 2 0	9 29 14	19 9 45	23 24 9
19	20 57 11	12 55 59	1 38 43	9 51 4	19 24 2	23 25 47
20	20 46 7	12 36 21	1 15 23	10 12 46	19 37 58	23 26 57
21	20 35 1	12 16 31	0 52 1	10 34 20	19 51 31	23 27 39
22	20 23 25	11 56 29	0 28 38	10 55 44	20 4 44	23 27 53
23	20 11 28	11 36 16	0 5 13B	11 16 58	20 17 35	23 27 41
24	19 59 11	11 15 52	0 18 11A	11 38 2	20 30 4	23 26 53
25	19 46 34	10 55 17	0 41 36	11 58 56	20 42 10	23 25 41
26	19 33 37	10 34 31	1 5 0	12 19 40	20 53 53	23 24 1
27	19 20 21	10 13 35	1 28 24	12 40 12	21 5 12	23 21 52
28	19 6 45	9 52 29	1 51 49	13 0 32	21 16 8	23 19 15
29	18 52 50	9 31 23	2 15 13	13 20 40	21 26 40	23 16 10
30	18 38 26	9 9 48	2 38 35	13 40 36	21 36 46	23 12 37
31	18 24 4	8 48 24	— — —	14 0 19	— — —	23 8 36

TABLE VIII.

DÉCLINAISON DU SOLEIL POUR L'ANNÉE 1860

Calculée au Méridien de Paris

Jours.	Janvier.			Février.			Mars.			Avril.			Mai.			Juin.		
	°	'	"	°	'	"	°	'	"	°	'	"	°	'	"	°	'	"
1	23	4	17A	17	16	32A	7	26	19A	4	40	52B	15	40	55B	22	6	43B
2	22	59	22	16	59	28	7	3	26	5	3	55	15	28	52	22	14	35
3	22	54	2	16	42	17	6	40	27	5	26	54	15	46	33	22	22	4
4	22	48	11	16	25	4	6	17	23	5	49	35	16	4	59	22	29	9
5	22	41	51	16	6	31	5	54	14	6	12	32	16	21	8	22	35	51
6	22	35	6	15	48	21	5	31	0	6	35	14	16	38	2	22	42	10
7	22	27	54	15	29	52	5	7	41	6	57	47	16	54	41	22	48	4
8	22	20	16	15	11	8	4	44	19	7	20	11	17	11	1	22	53	35
9	22	12	12	14	52	7	4	20	52	7	42	31	17	27	4	22	58	22
10	22	3	42	14	32	52	3	57	21	8	4	43	17	42	49	23	3	24
11	21	54	46	14	13	22	3	33	48	8	26	47	17	58	17	23	7	35
12	21	45	23	13	53	39	3	10	13	8	48	42	18	13	27	23	11	28
13	21	35	35	13	33	52	2	46	35	9	10	29	18	28	19	23	14	56
14	21	25	23	13	13	30	2	22	55	9	32	7	18	42	52	23	17	59
15	21	14	45	12	53	6	1	59	14	9	53	35	18	57	6	23	20	38
16	21	3	43	12	32	30	1	35	32	10	14	52	19	11	1	23	22	54
17	20	52	17	12	11	42	1	11	49	10	35	59	19	24	37	23	24	44
18	20	40	27	11	50	42	0	48	6	10	56	57	19	37	53	23	26	9
19	20	28	14	11	29	31	0	24	23	11	17	44	19	50	49	23	27	9
20	20	15	38	11	8	12	0	0	41A	11	38	20	20	3	23	23	27	44
21	20	2	39	10	47	39	0	23	40B	11	58	44	20	15	38	23	27	54
22	19	49	17	10	25	57	0	46	40	12	18	56	20	27	33	23	27	40
23	19	35	33	10	3	6	1	10	19	12	38	56	20	29	6	23	27	1
24	19	21	28	9	41	7	1	33	44	12	58	43	20	51	18	23	25	57
25	19	7	1	9	19	58	1	57	17	13	18	19	21	1	9	23	24	28
26	18	52	14	8	56	41	2	20	48	13	37	38	21	11	38	23	22	34
27	18	37	6	8	34	16	2	44	17	13	56	46	21	21	45	23	20	16
28	18	21	39	8	11	44	3	7	52	14	15	39	21	30	20	23	17	34
29	18	5	32	7	49	5	3	31	13	14	34	0	21	40	53	23	14	29
30	17	49	43	—	—	—	3	54	30	14	52	46	21	49	52	23	10	57
31	17	33	16	—	—	—	4	17	42	—	—	—	21	58	30	—	—	—

TABLE VIII.

DÉCLINAISON DU SOLEIL POUR L'ANNÉE 1860

Calculée au Meridien de Paris.

Jours.	Juillet.			Août.			Septembre.			Octobre.			Novembre.			Décembre.		
	°	'	"	°	'	"	°	'	"	°	'	"	°	'	"	°	'	"
1	23	6	57B	17	58	39B	8	11	19B	3	18	44A	14	33	35A	21	53	16A
2	23	2	40	17	43	4	7	49	26	3	42	1	14	52	30	22	2	53
3	22	57	55	17	27	8	7	27	22	4	5	15	15	11	32	22	10	47
4	22	52	47	17	11	32	7	5	10	4	28	27	15	30	8	22	18	54
5	22	47	14	16	55	18	6	42	52	4	51	36	15	48	29	22	26	36
6	22	41	18	16	38	48	6	20	28	5	14	41	16	6	35	22	33	51
7	22	34	58	16	22	2	5	57	58	5	37	42	16	24	24	22	40	39
8	22	28	14	16	5	0	5	35	22	6	0	39	16	41	57	22	47	1
9	22	21	8	15	47	43	5	12	40	6	23	31	16	59	12	22	52	56
10	22	13	38	15	30	11	4	49	3	6	46	18	17	16	0	22	58	24
11	22	5	45	15	12	32	4	27	13	7	9	12	17	32	36	23	3	23
12	21	57	31	14	54	32	4	4	13	7	31	49	17	48	57	23	7	56
13	21	49	52	14	36	15	3	41	16	7	54	20	18	5	1	23	12	1
14	21	39	53	14	17	45	3	18	12	8	15	33	18	20	45	23	15	39
15	21	30	30	13	59	2	2	55	4	8	39	0	18	36	10	23	18	48
16	21	20	45	13	40	4	2	31	52	9	1	9	18	51	14	23	21	30
17	21	10	38	13	20	53	2	8	37	9	23	0	19	6	0	23	23	44
18	21	0	10	13	1	30	1	45	19	9	45	4	19	20	25	23	25	29
19	20	49	20	12	41	53	1	21	59	10	7	3	19	34	28	23	26	47
20	20	38	11	12	22	6	0	58	37	10	28	25	19	48	10	23	27	36
21	20	26	44	12	2	22	0	34	53	10	49	50	20	1	14	23	27	57
22	20	14	53	11	42	11	0	11	48B	11	11	7	20	14	11	23	27	50
23	20	2	41	11	21	50	0	11	36A	11	32	14	20	26	46	23	27	15
24	19	50	9	11	1	19	0	34	59	11	53	10	20	38	58	23	26	11
25	19	37	16	10	40	37	0	58	23	12	13	56	20	50	47	23	24	38
26	19	24	4	10	19	46	1	21	48	12	34	31	21	2	14	23	22	37
27	19	10	32	9	58	44	1	45	12	12	54	53	21	13	15	23	20	8
28	18	56	43	9	37	33	2	8	36	13	15	15	21	23	54	23	17	11
29	18	42	39	9	16	12	2	31	59	13	35	4	21	33	59	23	13	46
30	18	28	7	8	54	42	2	55	21	13	54	50	21	43	58	23	9	53
31	18	13	21	8	33	3	—	—	—	14	14	24	—	—	—	23	5	32

TABLEIX

DÉCLINAISON DU SOLEIL POUR L'ANNÉE 1861.

Calculée au Méridien de Paris

Jours.	Janvier. S. d. m.	Février. S. d. m.	Mars. S et N d. m.	Avril. N. d. m.	Mai. N. d. m.	Juin. N. d. m.
1	23 00	17 02	7 30	4 37	15 08	22 05
2	22 55	16 45	7 07	5 00	15 26	22 13
3	22 49	16 27	6 44	5 23	15 44	22 21
4	22 43	16 09	6 21	5 46	16 01	22 28
5	22 36	15 51	5 58	6 09	16 18	22 35
6	22 29	15 33	5 35	6 32	16 35	22 41
7	22 21	15 14	5 11	6 54	16 52	22 47
8	22 13	14 55	4 48	7 17	17 08	22 52
9	22 05	14 36	4 25	7 39	17 25	22 58
10	21 56	14 16	4 01	8 01	17 40	23 02
11	21 47	13 57	3 38	8 23	17 56	23 07
12	21 37	13 37	3 14	8 45	18 11	23 11
13	21 27	13 17	2 50	9 07	18 26	23 14
14	21 16	12 56	2 27	9 29	18 41	23 17
15	21 05	12 36	2 03	9 50	18 55	23 20
16	20 54	12 15	1 39	10 12	19 09	23 22
17	20 42	11 54	1 16	10 33	19 22	23 24
18	20 30	11 33	0 52	10 54	19 36	23 26
19	20 17	11 12	0 28	11 14	19 49	23 27
20	20 03	10 50	0 05	11 35	20 01	23 27
21	19 51	10 28	N 19	11 55	20 14	23 28
22	19 38	10 07	0 43	12 16	20 26	23 27
23	19 24	9 45	1 06	12 36	20 37	23 27
24	19 09	9 23	1 30	12 56	20 48	23 26
25	18 55	9 00	1 54	13 15	20 59	23 24
26	18 39	8 38	2 17	13 35	21 10	23 23
27	18 24	8 15	2 41	13 54	21 20	23 20
28	18 08	7 53	3 04	14 13	21 30	23 18
29	17 52	— —	3 27	14 31	21 39	23 15
30	17 36	— —	3 51	14 50	21 48	23 11
31	17 19	— —	4 14	— —	21 57	— —

TABLE IX

DÉCLINAISON DU SOLEIL POUR L'ANNÉE 1861.

Calculée au Meridien de Paris.

Jours.	Juillet. N. d. m.	Août. N. d. m.	Septembre. N. S. d. m.	Octobre. S d. m.	Novembre. S. d. m.	Décembre. S. d. m.
1	23 07	18 00	8 14	3 15	14 30	21 51
2	23 03	17 45	7 52	3 39	14 50	22 02
3	22 58	17 29	7 30	4 02	15 08	22 09
4	22 53	17 14	7 08	4 25	15 27	22 17
5	22 48	16 57	6 46	4 48	15 45	22 25
6	22 42	16 41	6 24	5 11	16 04	22 32
7	22 36	16 24	6 01	5 34	16 21	22 39
8	22 29	16 07	5 39	5 57	16 39	22 46
9	22 22	15 50	5 16	6 20	16 56	22 52
10	22 14	15 33	4 53	6 43	17 13	22 57
11	22 07	15 15	4 30	7 06	17 30	23 02
12	21 58	14 57	4 08	7 28	17 46	23 07
13	21 50	14 39	3 45	7 51	18 02	23 11
14	21 41	14 20	3 21	8 13	18 18	23 15
15	21 32	14 02	2 58	8 36	18 33	23 18
16	21 22	13 43	2 35	8 58	18 48	23 21
17	21 12	13 24	2 12	9 20	19 03	23 23
18	21 01	13 04	1 49	9 42	19 18	23 25
19	20 51	12 45	1 25	10 03	19 32	23 26
20	20 40	12 25	1 02	10 25	19 45	23 27
21	20 28	12 05	0 39	10 46	19 59	23 28
22	20 16	11 45	0 15	11 07	20 12	23 27
23	20 04	11 25	S 08	11 29	20 24	23 27
24	19 52	11 04	0 31	11 50	20 37	23 26
25	19 39	10 44	0 55	12 11	20 49	23 25
26	19 26	10 23	1 18	12 31	21 00	23 23
27	19 12	10 02	1 42	12 52	21 11	23 20
28	18 59	9 41	2 05	13 12	21 22	23 17
29	18 44	9 19	2 29	13 32	21 32	23 14
30	18 30	8 58	2 52	13 52	21 42	23 10
31	18 15	8 36	— —	14 11	— —	23 06

TABLE X.

DÉCLINAISON DU SOLEIL POUR L'ANNÉE 1862.

Calculée au Méridien de Paris

Jours.	Janvier. S. d. m.	Février. S. d. m.	Mars. S. et N. d. m.	Avril. N. d. m.	Mai. N. d. m.	Juin. N. d. m.
1	23 01	17 07	7 36	4 31	15 03	22 03
2	22 56	16 50	7 13	4 54	15 21	22 11
3	22 50	16 32	6 51	5 17	15 39	22 19
4	22 44	16 14	6 27	5 40	15 56	22 26
5	22 38	15 56	6 04	6 03	16 14	22 33
6	22 31	15 38	5 41	6 25	16 31	22 39
7	22 23	15 19	5 18	6 48	16 47	22 45
8	22 15	15 00	4 55	7 10	17 04	22 51
9	22 07	14 41	4 31	7 33	17 20	22 56
10	21 58	14 22	4 08	7 55	17 36	23 01
11	21 49	14 02	3 44	8 17	17 51	23 05
12	21 39	13 42	3 21	8 39	18 07	23 09
13	21 29	13 22	2 57	9 01	18 22	23 13
14	21 19	13 02	2 33	9 23	18 36	23 16
15	21 08	12 41	2 10	9 44	18 51	23 19
16	20 57	12 21	1 46	10 06	19 05	23 22
17	20 45	12 00	1 22	10 27	19 19	23 24
18	20 33	11 39	0 58	10 48	19 32	23 25
19	20 21	11 17	0 35	11 09	19 45	23 26
20	20 08	10 56	0 11	11 29	19 58	23 27
21	19 55	10 34	N 13	11 50	20 10	23 27
22	19 41	10 13	0 36	12 10	20 22	23 27
23	19 27	9 51	1 00	12 30	20 34	23 27
24	19 13	9 29	1 24	12 50	20 45	23 26
25	18 58	9 06	1 47	13 10	20 56	23 25
26	18 43	8 44	2 11	13 29	21 07	23 23
27	18 28	8 22	2 34	13 48	21 17	23 21
28	18 13	7 59	2 58	14 07	21 27	23 18
29	17 57	— —	3 21	14 26	21 37	23 15
30	17 40	— —	3 44	14 45	21 46	23 12
31	17 24	— —	4 08	— —	21 54	— —

TABLE X.

DÉCLINAISON DU SOLEIL POUR L'ANNÉE 1862.

Calculée au Meridien de Paris.

Jours.	Juillet. N. d. m.	Août. N. d. m.	Septembre. N et S. d. m.	Octobre. S. d. m.	Novembre. S. d. m.	Décembre. S. d. m.
1	23 08	18 04	8 20	3 09	14 25	21 49
2	23 04	17 49	7 58	3 32	14 44	21 58
3	22 59	17 34	7 36	3 56	15 03	22 07
4	22 55	17 18	7 14	4 19	15 22	22 15
5	22 49	17 02	6.52	4 42	15 40	22 23
6	22 43	16 45	6 30	5 05	15 59	22 30
7	22 37	16 29	6 07	5 28	16 17	22 37
8	22 31	16 12	5 45	5 51	16 34	22 44
9	22 24	15 55	5 22	6 14	16 52	22 50
10	22 16	15 37	4 59	6 37	17 09	22 56
11	22 09	15 20	4 37	7 00	17 25	23 01
12	22 01	15 02	4 14	7 22	17 42	23 06
13	21 52	14 44	3 51	7 45	17 58	23 10
14	21 43	14 25	3 28	8 07	18 14	23 14
15	21 34	14 07	3 05	8 30	18 29	23 17
16	21 24	13 48	2 41	8 52	18 44	23 20
17	21 15	13 29	2 18	9 14	18 59	23 22
18	21 04	13 09	1 55	9 36	19 14	23 24
19	20 54	12 50	1 32	9 58	19 28	23 26
20	20 43	12 30	1 08	10 19	19 42	23 27
21	20 31	12 10	0 45	10 41	19 55	23 27
22	20 19	11 50	0 22	11 02	20 08	23 27
23	20 07	11 30	S 02	11 23	20 21	23 27
24	19 55	11 10	0 25	11 44	20 33	23 26
25	19 42	10 49	0 49	12 05	20 45	23 25
26	19 29	10 28	1 12	12 26	20 57	23 23
27	19 16	10 07	1 35	12 46	21 08	23 21
28	19 02	9 46	1 59	13 06	21 19	23 18
29	18 48	9 25	2 22	13 26	21 29	23 15
30	18 34	9 04	2 46	13 46	21 39	23 11
31	18 19	8 42	— —	14 06	— —	23 07

TABLE XI.

POUR RÉDUIRE LA DÉCLINAISON DU SOLEIL, CALCULÉE POUR MIDI AU MÉRIDIEN DE PARIS A TOUT AUTRE MÉRIDIEN QUELCONQUE.

Mouvement diurne en déclinaison.	Longitude approximative, calculée au Méridien de Paris.										
	1°	5°	10°	20°	30°	40°	50°	60°	70°	80°	90°
M	′ ″	′ ″	′ ″	′ ″	′ ″	′ ″	′ ″	′ ″	′ ″	′ ″	′ ″
1	0 0	0 0	0 0	0 1	0 1	0 1	0 2	0 2	0 2	0 3	[illegible] 3
2	0 0	0 0	0 0	0 1	0 2	0 2	0 3	0 3	0 4	0 4	[illegible] 5
3	0 0	0 0	0 1	0 2	0 3	0 3	0 4	0 5	0 6	0 7	[illegible] 8
4	0 0	0 0	0 1	0 2	0 3	0 4	0 6	0 7	0 8	0 9	[illegible] 0
5	0 0	0 1	0 1	0 2	0 4	0 5	0 7	0 8	0 9	1 1	[illegible] 3
6	0 0	0 1	0 2	0 3	0 5	0 7	0 8	1 0	1 1	1 3	[illegible] 5
7	0 0	0 1	0 2	0 4	0 6	0 8	1 0	1 2	1 4	1 6	[illegible] 8
8	0 0	0 1	0 2	0 4	0 7	0 9	1 1	1 3	1 6	1 8	[illegible] 0
9	0 0	0 1	0 3	0 5	0 8	1 0	1 2	1 5	1 8	2 0	[illegible] 3
10	0 0	0 1	0 3	0 6	0 8	1 1	1 4	1 7	2 0	2 2	[illegible] 5
11	0 0	0 1	0 3	0 6	0 9	1 2	1 5	1 8	2 1	2 4	[illegible] 8
12	0 0	0 2	0 3	0 7	1 0	1 3	1 6	2 0	2 3	2 6	[illegible] 0
13	0 0	0 2	0 4	0 7	1 1	1 5	1 8	2 2	2 5	2 9	[illegible] 3
14	0 0	0 2	0 4	0 8	1 2	1 6	1 9	2 3	2 7	3 1	[illegible] 5
15	0 0	0 2	0 4	0 8	1 3	1 7	2 1	2 5	2 9	3 3	[illegible] 8
16	0 0	0 2	0 4	0 9	1 3	1 8	2 2	2 7	3 1	3 5	[illegible] 0
17	0 1	0 2	0 5	0 9	1 4	1 9	2 3	2 8	3 3	3 8	[illegible] 3
18	0 1	0 3	0 5	1 0	1 5	2 1	2 5	3 0	3 5	4 0	[illegible] 5
19	0 1	0 3	0 5	1 0	1 6	2 2	2 6	3 2	3 7	4 2	[illegible] 8
20	0 1	0 3	0 6	1 1	1 7	2 3	2 8	3 3	3 8	4 4	[illegible] 0
21	0 1	0 3	0 6	1 2	1 8	2 4	2 9	3 5	4 1	4 7	[illegible] 3
22	0 1	0 3	0 6	1 2	1 8	2 5	3 1	3 7	4 3	4 9	[illegible] 5
23	0 1	0 3	0 6	1 3	1 9	2 6	3 2	3 8	4 4	5 1	[illegible] 8
24	0 1	0 4	0 7	1 3	2 0	2 7	3 3	4 0	4 6	5 3	[illegible] 0

TABLE XII.

INCLINAISON DE L'HORIZON VISUEL AVEC L'HORIZON VRAI.

ÉLÉVATION en Pieds.	INCLINAISON de l'Horizon.		ÉLÉVATION en Pieds.	INCLINAISON de l'Horizon.		ÉLÉVATION en Pieds.	INCLINAISON de l'Horizon.	
	'	"		'	"		'	"
1 P.	1	0	16 P.	4	1	31 P.	5	7
2	1	5	17	4	2	32	5	8
3	1	8	18	4	4	33	5	9
4	2	1	19	4	5	34	6	0
5	2	3	20	4	6	35	6	1
6	2	5	21	4	7	36	6	2
7	2	7	22	4	8	37	6	2
8	2	9	23	4	9	38	6	3
9	3	1	24	5	0	39	6	4
10	3	2	25	5	1	40	6	5
11	3	4	26	5	2	41	6	5
12	3	6	27	5	3	42	6	6
13	3	7	28	5	4	43	6	7
14	3	8	29	5	5	44	6	8
15	4	0	30	5	6	45	6	9

TABLE XIII.

DE LA RÉFRACTION.

HAUTEUR observée	RÉFRACTION.	HAUTEUR observée	RÉFRACTION.	HAUTEUR observée	RÉFRACTION.	HAUTEUR observée	RÉFRACTION.	HAUTEUR observée	RÉFRACTION.	HAUTEUR observée	RÉFRACTION.
° '	' ''	° '	' ''	° '	' ''	° '	' ''	° '	' ''	° '	' ''
5 0	9 9	12 0	4 5	19 0	2 8	26 0	2 0	40 0	1 2	54 0	0 7
5 30	9 2	12 30	4 3	19 30	2 7	27	1 9	41	1 1	55	0 7
6 0	8 5	13 0	4 1	20 0	2 6	28	1 8	42	1 1	56	0 7
6 30	7 9	13 30	3 9	20 30	2 6	29	1 7	43	1 0	57	0 6
7 0	7 4	14 0	3 8	21 0	2 5	30	1 7	44	1 0	58	0 6
7 30	7 0	14 30	3 7	21 30	2 4	31	1 6	45	1 0	59	0 6
8 0	6 6	15 0	3 6	22 0	2 4	32	1 6	46	0 9	60	0 6
8 30	6 2	15 30	3 4	22 30	2 3	33	1 5	47	0 9	61	0 5
9 0	5 9	16 0	3 3	23 0	2 3	34	1 4	48	0 9	62	0 5
9 30	5 6	16 30	3 2	23 30	2 2	35	1 4	49	0 8	63.	0 5
10 0	5 3	17 0	3 1	24 0	2 2	36	1 3	50	0 8	64	0 5
10 30	5 1	17 30	3 1	24 30	2 1	37	1 3	51	0 8	65	0 5
11 0	4 9	18 0	3 0	25 0	2 1	38	1 2	52	0 8	70	0 4
11 30	4 7	18 30	2 9	25 30	2 0	39	1 2	53	0 7	75	0 3
12 0	4 5	19 0	2 8	26 0	2 0	40	1 2	54	0 7	80	0 2

TABLE XIV.

DU SEMI-DIAMÈTRE DU SOLEIL

MOIS	SEMI-DIAMÈTRE
Janvier et Décembre	16 3
Février et Novembre	16 2
Mars, Avril et Octobre	16 0
Mai et Septembre	15 9
Juin, Juillet et Août	15 8

TABLE XV.

INCLINAISON A DÉDUIRE DES HAUTEURS DU SOLEIL OBSERVÉES A PROXIMITÉ DE TERRE, POUR AVOIR LA LATITUDE DU LIEU.

Elévation de l'œiel en pied.

Distance en mille.	5 pieds.	10 pieds.	15 pieds.	20 pieds.	25 pieds.	30 pieds.
» 1[4	11'	23'	34'	45'	57	68
» 1[2	6	12	17	23	28	34
» 3[4	4	8	12	15	19	23
1	3	6	9	12	15	17
1 1[4	3	5	7	10	12	14
1 1[2	3	4	6	8	10	12
2	2	4	5	7	8	9
2 1[2	2	3	4	6	7	8
3	2	3	4	5	6	7
3 1[2	2	3	4	5	6	6
4	2	3	4	5	5	6
5	2	3	4	4	5	6
6	2	3	4	4	5	5

DE LA VARIATION

PAR LE PASSAGE DU SOLEIL AU PREMIER VERTICAL.

Pour déterminer la variation par le passage du soleil au premier vertical, on fait d'abord son point pour le moment présumé de l'observation, afin d'avoir la latitude et la longitude du lieu ; puis, avec la différence des méridiens et l'heure de l'observation estimée à peu près et convertie en temps astronomiques, on calcule l'heure de Paris correspondante et la déclinaison du soleil, pour ce moment. Connaissant la latitude du lieu et la déclinaison du soleil, pour déterminer l'heure du passage du soleil au premier vertical, on fait cette proportion : le rayon est au sinus de la difference ascensionnelle, comme la tangente de la latitude est à la tangente de la déclinaison.

Pour trouver la valeur du second terme de cette proportion, on ajoute le complément arithmétique du logarithme tangente de la latitude au logarithme tangente de la déclinaison, la somme diminuée de dix, si elle excède ce nombre, sera le logarithme sinus de la difference ascensionnelle ; cherchant ce logarithme parmi les logarithmes sinus des tables, on aura le nombre de degrés et parties de degrés de la différence ascensionnelle, que l'on convertit en temps et que l'on ajoute à 6 heures, pour avoir l'heure du passage du soleil au premier vertical, le matin, ou que l'on retranche de 6 heures, pour avoir l'heure du même passage pour le soir.

On calcule ensuite la hauteur vraie du centre du soleil, au moment de son passage au premier vertical, par cette proportion : le rayon est au sinus de la hauteur vraie du centre du soleil dans le premier vertical, comme le sinus de la latitude est au sinus de la déclinaison.

Pour trouver la valeur du second terme de cette proportion, on ajoutera le complément arithmétique du logarithme sinus de la latitude. au logarithme sinus de la déclinaison ; la somme sera le logarithme sinus de la hauteur vraie du centre du soleil dans le premier vertical ; cherchant ce logarithme parmi les logarithmes sinus des tables, on aura le nombre de degrés et parties de degrés de cette hauteur vraie, que l'on convertit en hauteur observée du bord inférieur à cet instant, en affectant cette hauteur des erreurs qui doivent affecter les hauteurs instrumentales, c'est-à-dire en retranchant le demi-diamètre, ajouant la réfraction moins la parallaxe et la dépression convenables; ensuite on fixe l'alidale de l'instrument sur le nombre de degrés et minutes de cette hauteur, et avec cet instrument ainsi préparé un peu avant l'heure désignée par le calcul, on suit le soleil dans son mouvement jusqu'au moment où son bord inférieur sera tangent à l'horizon. Un second observateur relève au même instant le pied du vertical de l'astre, et alors si la ligne E. et O. de la boussole répond au pied du vertical de l'astre, il n'y a pas de variation; mais si elle n'y répond pas, la quantité dont elle s'en écarte est la variation qui est N.-E. lorsque la ligne E. et O. de la boussole est à la droite de l'astre, et N.-O. lorsqu'elle est à la gauche.

Cette méthode est très exacte, lorsque l'astre ne passe pas à une grande hauteur dans le premier vertical; mais on ne peut l'employer que lorsque la latitude du lieu et la déclinaison de l'astre sont de même dénomination, et que la déclinaison est plus petite que la latitude du lieu; car, lorsque la déclinaison est plus grande que la latitude, le parallèle de l'astre rencontre le méridien entre le zénith et le pôle élevé, et par conséquent, il ne peut couper le premier vertical.

Lorsque la déclinaison de l'astre et la latitude du lieu sont de dénomination contraire, le parallèle de l'astre coupe le premier vertical sous l'horizon, et, conséquemment, l'observation ne peut avoir lieu

EXEMPLES DE CALCULS DE VARIATION
PAR
L'AMPLITUDE.

Etant par 9° 36' de latitude S., on a observé le lever du soleil, et il répondait à l E 12° 42' N.; la déclinaison du soleil était alors de 22° 59' N., on demande la variation du compas?

CALCUL DE L'AMPLITUDE VRAIE

Déclinaison N. . .	22°	59'		Log. sin. .	19,59158
Latitude S. . . .	9	36		Log. cos. . .	9,99388
Amplitude vraie E.	23	20	N.	Log. sin. .	9,59770
Amplitude obs. . E..	12	42	N.		
Variation.	10°	38'	N.-O.		

La variation est N.-O., parce que le mouvement du compas a eu lieu de droite à gauche

Le 24 septembre 1852, étant par 26° 32' de latitude N et par 78° de longitude O., à environ 6 heures du soir, on a observé le soleil à l'instant de son coucher, et il répondait au O, 6° 15' S. ; on demande la variation ?

CALCUL.

Heure comptée à bord le 24. . . . . 6 h. 0'
Différence des méridiens 78° O., en temps.. . + 5 h. 12'

Heure compté à Paris lors de l'observation. . . 11 h. 12'

Au moyen de la table et de la correction, on trouve que la déclinaison du soleil est de 0° 41' S., le 24 septembre. à 11 h. 12' (1852).

Déclinaison S.	0° 41'	Log. sin. .	18,07650
Latitude N.	26 32	Log. cos. . .	9,95166
Amplitude vraie.. . O.	0 46 S.	Log. cos. . .	8,12484
Amplitude obs. . . O.	6 15 S.		
Variation.	5° 29' N.-E.		

La variation est N.-E., parce que le mouvement du compas a eu lieu de gauche à droite.

TYPE DU CALCUL DE VARIATION

PAR

L'AZIMUTH.

Distance du soleil au pôle élevé.	
Distance du zénith au pôle..	Comp. Ari. Log. sin.
Distance du zénith au centre du soleil.	Comp. Ari. Log. sin.
Somme.	
Demi-Somme..	. . . . Log. sin.
1/2 somme — décl. du sol. au pôle élevé	. . . . . Log. sin.
	Somme. . . . . . .
	Demi-somme Log.cos
	Demi-Azimuth. . . .
	Doublant, on a l'Azim.vrai

AUTRE TYPE.

On peut encore déterminer la variation par l'azimuth, en opérant comme il va être dit ci aprés.

Ecrivez les uns au-dessous des autres la distance polaire du soleil, sa hauteur vraie et la latitude ; ajoutez ensemble ces trois quantités, et prenez la moitie de leur somme ; ensuite placez au-dessous de cette demi-somme la différence entre cette demi-somme et la distance polaire. Prenez dans les Tables des logarithmes les compléments arithmétiques du logarithmes cosinus de la hauteur vraie et de la latitude, les logarithmes cosinus de la demi-somme et de la différence de cette demi-somme à la distance polaire ; faites une somme de ces quatre logarithmes, et prenez-en la moitié, qui sera le logarithme cosinus du demi-angle azimutal ; le double de l'arc correspondant sera l'azimuth vrai du soleil.

TYPE.

Distance polaire.	
Hauteur vraie.	Comp. Ari. Log. cos.
Latitude.	Comp. Ari. Log. cos.
Somme.	
Demi-somme.	. . . . Log. cos.
Distance polaire — demi-somme.	. . . . Log. cos.
	Somme. . . . .
	Demi-somme. Log. cos
	Demi-Azimuth. . . . .
	Doublant, on a l'Azim, vrai.

TYPE DU CALCUL DE VARIATION.

PAR LE PASSAGE DU SOLEIL AU PREMIER VERTICAL.

Latitude	Comp. Ari. Log. tang.
Déclinaison.	Log. tang.
Log. sin. Diff^ce as^lle.	Somme. . . . . .
Idem en temps. . . .	
+ 6	
Passage au 1er vertical le matin.	
— 6	
Passage au 1er vertical le soir. . .	
Latitude	Comp. Ari. Log. sin.
Déclinaison .	Log. sin
Hauteur vraie.	Somme Log. sin.

TABLEAU

DES

VARIATIONS MAGNÉTIQUES DE LA BOUSSOLE

Observées sur les différents points du Globe désignés ci-après :

NOMS DES LIEUX.	LATITUDE.	LONGITUDE méridien de Paris.	VARIATIONS.
		MER BALTIQUE.	
Kronstadt.	59° 55' N	27° 25' E.	8° 55' N.-O.
	60 05	25 15	11 15
Ile d'Hogland.	60 02	24 45	9 30
	59 47	21 50	11 15
Ici les boussoles s'affolent	59 47	21 15	- - - -
	59 33	19 57	14 00
	59 24	17 55	14 00
Gottland	57 30	16 35	13 30
	57 54	18 50	14 00
	56 08	18 35	14 05
	59 03	17 45	14 05
Dantzick	55 04	16 50	14 05
	55 30	13 40	15 00
	54 58	10 50	16 50
Lubeck.	54 20	8 47	19 06
		CATTÉGAT.	
	57 10	9 05	19 40
	57 55	8 00	20 00
		MER DU NORD.	
	61 35	0 09	25 20
Au nord d'Islande	61 30	3 46 O.	25 20
Au sud d'Islande	59 20	3 31	28 07
	57 45	0 09 E.	25 20
	54 55	1 51 O.	25 40
	52 08	0 04 E.	24 30
Héligoland, Elbe	54 50	5 50	20 00
Flessingue, Anvers	51 45	1 45	21 30
Rade de Dunkerque	51 02	2 03	21 00
Londres embranch. de la Tamise.	51 30	1 30 O	23 40
Dans le Pas-de-Calais.	50 50	0 51	22 30

NOMS DES LIEUX.	LATITUDE	LONGITUDE méridien de Paris.	VARIATIONS.
DANS LA MANCHE.			
Cote de France, Dieppe.	49° 56' N.	1° 15' O.	25° 15' N.-O.
Le Hâvre. . .	49 29	2 12	24 00
Cherbourg. .	49 38	3 56	25 30
Morlaix. . . .	48 35	6 18	22 30
Entre Ouessant et Morlaix.	49 12	7 00	25 30
Côte d'Angleterre, Brighton. . . .	50 25	2 30	25 20
A l'île de Wight.	50 25	3 35	24 30
A Start Point. . .	49 49	6 00	25 15
A Plymouth. . .	49 50	6 28	28 07
Cap Lizard. . . .	49 40	7 30	26 30
A l'entrée du canal de Bristol. . .	51 05	7 44	28 07
A l'entrée du canal St-Georges. . .	52 40	7 30	28 15
Dans le canal St-Georges.	53 50	6 40	29 30
COTE D'IRLANDE.			
	51 50	9 25	28 30
	51 05	12 15	27 00
	51 53	13 28	28 35
	55 10	13 30	29 00
	55 10	11 25	29 00
GOLFE DE GASCOGNE.			
	47 00	9 00	23 30
	45 00	9 00	23 00
Bayonne.	44 15	5 00	22 30
Au Cap Finistère.	44 15	13 05	22 30
OCÉAN ATLANTIQUE OCCIDENTAL.			
	58 15	14 35	30 35
De 0 à 20 longitude Ouest.	57 15	16 27	33 35
	56 05	16 30	30 00
	54 30	14 25	32 30
	50 45	15 35	28 30
	50 14	5 01	24 25
	49 45	8 04	25 05
	49 35	8 40	25 00
	49 27	9 20	25 30
	48 29	13 50	26 45
	48 34	15 35	27 30
	50 45	15 20	28 30
	47 10	14 20	25 00
	45 40	14 50	24 00

NOMS DES LIEUX.	LATITUDE	LONGITUDE méridien de Paris.	VARIATIONS
COTES DE PORTUGAL.			
	41° 30' N.	13° 05' O.	22° 30' N.-O.
Détroit de Gibraltar.	36 02	6 15	22 07
MÉDITERRANÉE.			
	37 35	3 48 E.	18 30
	40 15	4 25	19 00
Golfe de Lyon.	42 00	4 25	18 15
Golfe de Gênes.	43 35	6 38	17 00
	39 22	11 37	17 00

Dans tout le Levant, il y a de 9° à 14° 30' de variation N.-O.

NOMS DES LIEUX.	LATITUDE	LONGITUDE méridien de Paris.	VARIATIONS
CONTINUATION DE L'OCÉAN.			
	31 50	14 20 O.	21 00
En vue de Madère.	32 37	19 16	21 14
En vue de Ténériffe-Canar.	29 00	18 05	21 10
Id. " de Fer *id.*	37 30	20 00	20 50
	24 15	19 20	19 39
St-Louis (Sénégal).	16 08	19 55	16 15
	7 58	17 57	17 05
	3 35	9 50	18 00
	1 40	0 00	19 00
De 20 à 30° longitude Ouest. . .	59 15	24 50	36 00
	57 10	28 35	38 05
	53 13	26 08	30 10
	48 45	21 38	26 00
	50 15	29 20	25 18
	48 01	23 43	28 00
	34 12	26 00	23 30
	36 06	22 00	25 28
	26 22	26 39	17 00
	37 54	25 51	22 10
	33 03	26 45	21 40
	44 30	25 20	21 30
	44 00	26 20	24 03
Açores, Tercère.	39 20	28 53	23 00
	30 15	23 05	19 10
	23 15	23 00	18 35
	19 12	23 15	15 30
Iles du Cap Verd.	17 22	30 05	13 28
	14 00	27 50	15 00

NOMS DES LIEUX	LATITUDE	LONGITUDE méridien de Paris.	VARIATIONS
De 20 à 30° longitude Ouest. . . .	13° 05' N.	23° 20' O.	13° 57' N.-O.
	6 15	23 35	10 56
	1 00	26 50	8 16
	1 57	22 39	13 00
	1 22	29 43	10 00
	1 00	30 07	7 00
De 30 à 40° longitude Ouest. . . .	60 45	30 20	38 30
	60 10	31 30	39 00
	34 39	31 28	22 00
	31 15	31 15	21 40
	46 50	30 50	28 00
	11 26	33 04	14 23
	47 35	33 50	28 30
	27 11	33 56	19 00
	43 48	34 02	25 00
	29 37	34 20	19 21
	46 38	35 40	30 00
	26 40	35 28	14 30
	25 57	35 15	18 00
	44 13	35 48	25 10
	46 15	35 50	29 30
	60 10	35 25	43 30
	28 30	36 10	16 30
	26 26	36 11	13 47
	43 00	36 00	25 30
	55 10	37 20	39 00
	41 30	37 30	27 20
	17 03	37 34	16 02
	27 10	38 00	14 00
	57 30	38 35	43 00
	55 15	38 36	39 00
	57 40	38 47	43 46
	59 25	40 05	46 00
	26 17	39 10	14 00
	23 07	39 41	12 00
	44 20	31 35	23 37
	45 55	33 30	21 00
	48 15	34 40	20 40
	44 20	37 50	19 30
	40 30	32 30	22 30
Açores . Flores.	39 00	33 25	19 00
Id. Pic..	37 40	30 50	18 30
	30 15	31 20	19 00
	33 30	33 50	14 14
	29 30	39 05	10 30
	27 10	33 35	16 00

NOMS DES LIEUX.	LATITUDE.	LONGITUDE méridien de Paris.	VARIATIONS.
De 30 à 40° longitude Ouest. . . .	23° 40' N.	36° 35' O.	14° 00' N.-O.
	22 40	36 35	14 30
	17 30	30 20	13 28
	16 20	38 20	8 50
	0 35	30 28	6 00
De 40 à 50° longitude Ouest. . . .	59 30	47 35	46 00
Groenland.	59 20	44 30	46 30
	49 45	42 05	36 00
	20 36	42 12	7 30
	22 28	40 00	13 46
	20 50	40 20	5 42
	22 23	40 14	8 00
	40 32	41 40	24 00
	21 42	41 50	10 00
	40 10	41 20	22 30
	25 12	42 32	10 43
	26 32	42 43	13 52
	20 36	42 12	7 30
	20 36	43 39	8 00
	29 51	43 29	15 08
	28 11	43 03	14 35
	32 40	43 21	14 09
	33 45	43 00	19 10
	33 20	44 02	17 00
Pointe N. du gr. b. de T.-N. . . .	48 30	49 55	24 30
Pointe Sud *dito* *dito*	43 45	49 50	21 30
	41 30	49 30	15 40
	41 45	45 50	16 00
	40 20	48 50	13 00
	40 35	42 05	10 35
	40 45	46 07	19 42
	36 35	46 34	8 00
	18 52	46 39	6 00
	18 12	47 02	5 00
	17 20	47 50	7 20
	20 52	48 01	5 13
	34 10	49 20	6 00
	16 29	49 40	4 49
De 40 à 50° longitude Ouest. . . .	40 26	49 35	17 00
	40 50	49 50	18 00
	36 09	50 13	17 15
	19 30	42 35	6 40
	15 10	42 30	5 50
	14 15	46 20	2 02
	3 35	43 05	3 00
	6 40	45 35	2 00

NOMS DES LIEUX.	LATITUDE	LONGITUDE méridien de Paris.	VARIATIONS
De 50 à 60° longitude Ouest. . . .	61° 00' N.	60° 20' O.	56° 00' N.-O
Détroit de Davis.	60 05	54 30	49 00
Côtes de Labrador.	55 10	58 20	36 00
	53 25	56 00	33 00
	50 40	52 20	30 56
Partie Nord de Terre-Neuve. . . .	51 40	55 55	32 00
Partie Est *dito.*	47 40	53 50	28 00
Partie Sud *dito.*	46 15	59 30	24 15
	38 35	53 25	18 30
	39 35	58 35	13 20
	32 35	59 00	6 43
	22 00	59 10	0 39 N.-E.
	37 05	59 20	11 00 N.-O.
	38 55	53 34	12 34
	22 06	58 26	1 04
	15 58	56 00	1 15
	14 44	58 24	1 15 N.-E.
	14 44	56 37	0 00
	16 27	55 45	0 00 N.-O.
	17 24	52 56	4 00
	16 00	53 30	2 57
	16 12	53 15	1 10
	40 45	54 00	17 00
	38 45	55 20	9 57
	36 43	55 20	15 00
	36 30	57 25	8 00
	34 30	57 50	6 00
	32 45	58 35	4 00
	31 15	60 00	3 00
	13 45	56 05	1 00 N.-E.
	13 25	59 35	2 22
A la barbade.	10 30	57 35	3 00
Côte de la Guyane.	8 35	58 50	4 30
Cayenne.	5 20	54 35	3 00
De 60 à 70° longitude Ouest. . . .	49 23	62 50	22 00 N.-O
Golfe de Saint-Laurent.	50 06	64 40	20 00
Nouvelle-Ecosse.	43 37	69 50	9 30
	40 30	68 40	5 55
	37 35	61 50	7 30
	34 20	66 35	5 50
Bermudes.	32 20	65 15	2 30
	16 50	64 08	2 30 N.-E
	36 20	62 50	6 54 N.-O.
	36 34	62 05	7 07
	33 50	70 01	1 43
	32 31	70 25	2 00

NOMS DES LIEUX.	LATITUDE.	LONGITUDE méridien de Paris.	VARIATIONS.
De 60 à 70° longitude Ouest.	22° 09' N.	70° 12' O.	2° 31' N.-E.
	21 07	68 00	0 29
	16 16	60 50	1 03 N.-O.
	35 21	67 01	7 21
	38 30	63 15	7 10
	36 00	66 20	7 00
	28 50	62 05	1 30
	29 10	60 15	4 25
	21 30	62 00	0 20 N.-E.
Sur la Désirade	16 20	63 22	0 00
	17 35	61 50	2 00
Martinique	15 15	62 20	1 00
	19 40	69 00	2 02
	18 55	64 00	0 50
	16 00	60 00	3 50
	16 00	60 25	2 50
	14 40	63 45	3 50
	24 43	69 44	1 50
	21 17	68 00	3 30
	16 15	67 34	4 15
De 70 à 80° longitude Ouest	42 30	71 00	7 00 N.-O.
Boston	42 15	72 40	6 00
	40 20	74 20	5 30
New-York	40 30	76 20	4 30
	39 05	75 20	3 30
Philadelphie, cap May	38 20	75 20	4 00
	36 40	75 35	2 30
Baltimore, cap Henry	36 55	77 50	0 50
	35 15	72 50	2 00
Cap Hatteras	35 20	77 40	3 00
	33 05	76 20	3 00
Charlestown	32 20	81 20	4 00 N.-E.
	31 45	76 50	1 00 N.-O.
Savannah	32 00	82 05	4 30 N.-E.
	28 25	73 50	2 30
	25 40	77 35	6 00
	27 20	78 05	5 30
	25 15	74 20	2 15
	25 15	70 35	1 30
	23 45	75 05	5 00
	22 55	73 25	2 00
Cap Haïtien	20 05	74 20	4 10
En vue des Cayques	22 06	74 08	3 03
En vue d'Alta-Vela	17 21	74 00	5 56
	28 47	75 03	0 13
	29 16	78 57	3 08

NOMS DES LIEUX.	LATITUDE	LONGITUDE méridien de Paris.	VARIATIONS.
De 80 à 90° longitude Ouest. . . .	24° 35' N.	82° 05' O.	6° 00' N.-E.
	18 15	83 25	8 00
GOLFE DU MEXIQUE.			
	23 50	86 35	6 37
	25 25	88 05	5 15
	26 59	91 38	9 03
	26 53	91 44	9 05
	26 17	92 41	9 18
	25 46	93 11	9 24
	24 30	93 30	9 30
	28 27	90 00	8 55
	23 53	84 10	12 00
OCÉAN ATLANTIQUE MÉRIDIONAL.			
De 20 à 0° longitude Est . . .	1 45 S.	8 50 E.	19 00 N.-E.
	31 14	11 12	24 24
	10 15	14 35	21 00
	20 25	4 40	21 00
	27 45	7 20	18 00
	29 35	16 05	24 15
Cap de Bonne-Espérance.	34 05	14 40	25 10
Dans la baie de False-Bay.	34 15	16 15	28 02
	35 40	10 50	22 08
De 0 à 20° longitude Ouest.	3 15 N.	5 40 O.	18 00
	6 55 S.	3 20	19 00
	00 45	4 18	18 00
	19 14	3 16	21 33
	14 35	8 35	17 00
En vue de Ste-Hélène.	16 17	8 06	19 11
Dito.	15 55	8 29	19 01
	15 17	9 03	18 47
	10 5	13 30	17 51
	2 57	16 56	14 50
	2 09	17 00	14 50
	35 20	3 20	17 00
	29 45	5 50	15 00
	34 35	6 05	14 00
	27 00	9 45	12 00
	51 28	5 50	5 00
	40 40	11 50	10 30
	11 15	13 05	14 00
	22 30	14 50	10 00
Ile de l'Ascension.	7 55	16 20	16 52
	5 40	18 35	12 30

NOMS DES LIEUX	Latitude.	Longitude méridien de Paris.	Variations.
De 20 à 40° longitude O.......	3° 20' N.	20° 25' O.	15° 00' N.-O.
	4 05	26 20	10 00
Penedo de St-Pedro..........	0 50 S.	30 28	7 30
	1 57 N.	22 39	13 00
	13 19 S.	28 13	7 00
	18 30	29 43	4 00
	5 30	27 55	5 30
	10 00	21 35	9 00
	9 30	31 05	4 30
	17 00	25 15	6 00
	20 45	25 35	5 00
Ile de Martin-Vas.............	21 15	30 15	3 00
Ile de La Trinité..............	20 55	33 05	1 00
	17 30	33 05	2 00
	32 59	33 42	2 34
	28 26	33 16	2 37
	26 28	33 08	5 41
	25 36	33 30	6 17
	24 33	33 25	6 30
	24 13	32 58	6 50
	22 39	30 52	9 13
	20 18	29 57	8 57
	15 55	30 42	10 30
De 20 à 48° longitude O......			
En vue de Ciara................	3 42	40 53	3 00 N.-E.
Au Nord do Mel................	4 55	39 20	3 36
	38 39	38 03	5 00
En vue du cap Sao-Roque...	5 28	37 37	4 35
Rade de Pernambuco.........	8 3	37 12	1 45
	37 26	36 00	2 17
A Rio San-Francisco..........	10 29	34 44	3 10
	35 37	34 33	0 14
Baie de Todos os Santos......	12 58	40 51	1 58
A Porto Seguro................	16 27	41 24	0 50
Canal des Abrolhos...........	17 55	41 23	0 46
Baie de Espirito-Santo.......	20 19	42 40	0 56
Au cap Frio....................	23 01	44 24	2 30
A Rio-Janeiro..................	22 56	45 35	3 48
De 40 à 70° longitude O......			
Maranham......................	2 29	46 37	1 37
Manoel Luiz....................	0 32	46 38	1 30
	26 14	47.08	3 17
	28 05	47 50	5 50
	29 45	46 35	7 00
	30 58	46 25	10 00
	46 35	49 25	19 45
Rio-Grande.....................	32 00	49 35	8 30

NOMS DES LIEUX	Latitude.	Longitude méridien de Paris.	Variations.
De 40 à 70° longitude O......	31° 49'S.	49° 34'O.	6° 16' N.-E
	33 15	50 20	11 30
	40 02	55 00	8 00
Rio-de-la-Plata..............	36 35	57 50	13 00
	43 39	58 35	14 00
	39 00	61 20	15 50
	40 00	61 35	18 00
Baie de tous les Saints.......	41 45	65 20	20 00
	43 00	64 05	18 00
Golfe de Saint-Georges.......	46 12	65 15	20 00
	47 29	64 05	22 20
	51 10	69 45	23 00
Iles Malouines................	51 45	65 20	22 30
	54 15	64 05	25 00
Cap de Horn..................	55 55	67 50	24 04
	61 50	64 05	25 00
	59 55	60 15	24 30
	60 00	54 30	19 30

GRAND OCÉAN (APPELÉ COMMUNÉMENT MER DU SUD) COMPRIS ENTRE L'AMÉRIQUE ET L'ASIE.

NOMS DES LIEUX	Latitude.	Longitude méridien de Paris.	Variations.
De 70° à 90° longitude O	58 07	70 15	23 06
	56 45	73 00	21 25
	25 11	73 10	11 38
	33 21	75 00	15 29
	33 03	75 37	13 24
	38 23	76 40	19 38
	33 50	76 40	15 00
	22 42	77 26	9 00
	43 25	78 18	18 40
	23 29	78 30	8 20
	54 10	78 25	21 10
	24 48	79 36	8 38
	51 55	79 50	21 35
	44 05	80 20	18 00
	29 25	80 19	13 02
	34 09	80 53	16 13
	30 07	82 5	12 30
	34 26	82 20	16 46
Ile de Chiloé................	42 40	78 35	17 00
	36 40	76 55	14 00
Valdivia......................	39 30	78 30	17 30
	34 55	76 15	14 00
	34 10	80 50	14 00
	34 30	81 37	13 00
	33 31	76 17	14 00

NOMS DES LIEUX	Latitude	Latitude méridien de Paris	Variations.
De 70 à 90° longitude O......			
Valparaiso......................	32° 58' S.	74° 45' O.	16° 00' N.-E.
	31 46	74 12	15 00
Coquimbo......................	29 40	74 09	13 10
	27 08	76 13	13 30
	26 22	79 11	12 40
	26 10	81 03	11 30
Ile de Saint-Félix............	26 12	82 05	8 20
	24 05	73 50	12 00
Cobija........	22 25	73 00	12 00
	20 42	73 00	11 00
	18 58	73 00	10 30
Morro de Arequipa...........	16 42	75 18	10 43
	15 39	77 33	11 00
Ile de Sangallan...	14 00	78 49	9 10
	13 00	80 15	8 30
Callao de Lima...............	11 58	79 40	9 00
	10 18	80 28	9 20
Truxillo........................	8 15	81 35	9 00
	18 08	79 34	12 30
	5 17	85 35	8 30
Golfe de Guayaquil...........	3 09	82 45	10 30
	0 45	82 55	9 00
	2 25 N.	81 00	8 30
	3 24	79 43	9 00
	8 53	81 15	8 50
Golfe de Payta................	7 57	82 20	9 30
Baie de Panama..............	7 06	82 10	8 00
Ile de Quibo......	7 05	83 58	9 50
	9 04	87 30	8 30
	35 26 S.	85 31	16 52
	38 14	86 07	15 21
	22 00	87 09	10 00
	23 30	87 51	10 20
	49 22	88 26	21 00
	24 43	88 27	9 20
	26 15	89 02	10 04
	30 07	89 15	13 00
	28 08	89 38	9 16
	29 04	89 53	9 20
OCÉAN ORIENTAL OU MER DES INDES.			
De 20 à 40° longitude E......	40 05 S.	22 40 E.	25 40 N.-O.
	46 10	30 35	25 45
	47 05	34 45	26 00
	47 00	38 20	26 15

NOMS DES LIEUX	Latitude	Longitude méridien de Paris.	Variations.
De 20 à 40° longitude E......	39° 40' S.	36° 40' E.	27° 15' N.-O.
	34 50	28 35	29 05
	34 45	38 40	30 30
	30 10	36 45	27 13
Côte Natal Cap Ste-Marie.....	25 38	31 00	28 07
	14 35	39 10	18 40
Côte de Zanzibar..............	6 20	38 30	14 00
De 40 à 50° longitude E......	46 45	47 20	31 05
	36 55	50 00	26 50
	34 40	43 10	29 00
	30 00	46 50	24 00
MADAGASCAR Pointe d'Itapère........	25 50	46 50	20 41
Cap Sainte-Marie.......	27 50	44 30	23 29
Cap Saint-Vincent.....	22 08	40 35	23 30
Mananzari...............	20 50	48 50	18 00
Ile aux Prunes..........	18 45	49 45	16 40
Iles Arides...............	18 35	40 40	21 00
	15 00	43 50	17 30
	13 20	44 45	17 36
	8 30	46 40	12 15
	6 00	48 20	10 30
	4 00	48 20	8 06
	0 20	49 00	6 00
De 50 à 60° longitude E......	37 40	56 20	24 36
	26 35	52 40	20 52
	26 35	60 40	17 10
Ile Bourbon.....................	21 05	53 50	15 00
Ile de France...................	20 30	55 20	14 00
Ile Rodrigue....................	19 45	60 54	13 00
	4 35	60 30	3 20
	24 35 N.	57 45	5 42
De 60 à 70° longitude E.......	20 40 S.	67 00	9 00
	20 50	70 40	5 30
	18 35	68 15	6 24
	15 15	67 00	7 00
	6 55	65 20	4 00
	7 20	70 40	2 02
Ile Chagas......................	5 50	70 20	2 10
	4 38	61 10	3 20
Iles Laquedives...............	11 15 N.	68 20	1 35
	18 45	68 55	0 40
De 70 à 80° de longitude E.	37 50 S.	74 10	19 10
	38 00	78 40	20 19
	33 50	76 45	16 10
	34 30	80 50	13 00

NOMS DES LIEUX	Latitude.	Longitude méridien de Paris	Variations.
De 70 à 80° de Longitude E.	19° 40' S.	81° 05' E.	2° 02' N.-O.
	5 45	81 00	1 48 N.-E.
De 80 à 100° de longitude O.	2 15	85 05	2 26
	9 40	88 15	0 10
Iles Cocos......................	12 30	93 30	2 00 N.-O.
	8 45	94 55	0 30 N.-E.
	2 00	95 30	1 10
	0 35	91 10	2 35
	2 18	89 20	2 28
	6 50	94 00	1 41
Nicobar..........................	7 55	88 40	1 29
	11 10	88 10	1 11
Golfe du Bengale...............	14 40	89 20	1 10
MERS DE L'INDE ET DE CHINE.			
De 35 à 95° longitude E.......	42° 20' S.	37° 30' E.	29° 17' N.-O.
	44 15	42 19	29 32
Iles de Crozets................	47 20	45 15	29 19
	48 20	55 40	30 10
	49 35	63 50	31 05
Iles de Kerguelens............	49 15	69 35	31 21
	47 10	72 50	29 50
	45 00	81 55	25 37
	43 40	91 35	23 20
De 95 à 135° *dito*.............	43 20	99 25	21 45
	43 00	105 15	19 30
	42 50	111 20	16 56
	42 35	118 35	12 29
	42 30	124 10	7 13
	42 20	127 45	5 30
	42 09	130 19	4 46
	42 25	134 55	2 53
De 135 à 180° *dito*............	42 50	138 23	5 19 N.-E.
	41 55	141 14	7 26
A l'O. de la terre de Van-Diemen ou de Tasmanie.......	41 12	142 27	9 51
A l'E. *dito dito*.........	43 40	148 15	9 00
A Campbellé Islande..........	52 35	168 45	12 05
A l'E. de la Nouv. Zélande..	45 49	169 35	17 00
Baie des Iles....................	35 15	174 10	16 30
A l'O. de la Nouvelle-Zélande........................	35 55	174 15	13 00 [uncertain]
	36 43	167 50	10 30

www.ingramcontent.com/pod-product-compliance
Lightning Source LLC
LaVergne TN
LVHW050456160826
845677LV00003B/805